郭炜　GUO Wei　著

新一代支线机场航站楼

建筑设计与创新路径

NEW GENERATION OF
REGIONAL AIRPORT TERMINAL BUILDINGS
ARCHITECTURAL DESIGN AND INNOVATIVE PATHS

U0384926

同济大学出版社·上海
TONGJI UNIVERSITY PRESS · SHANGHAI

图书在版编目（CIP）数据

新一代支线机场航站楼：建筑设计与创新路径 / 郭
炜著 . -- 上海：同济大学出版社，2024. 11. -- ISBN
978-7-5765-1282-3

Ⅰ. TU248.6

中国国家版本馆 CIP 数据核字第 2024TY0232 号

新一代支线机场航站楼
建筑设计与创新路径

郭　炜　著

策划编辑　　胡　毅　晁　艳
责任编辑　　王胤瑜
责任校对　　徐逢乔
装帧设计　　完　颖
排　　版　　朱丹天

出版发行　　同济大学出版社　www.tongjipress.com.cn
　　　　　　（地址：上海市四平路 1239 号　邮编：200092　电话：021-65985622）
经　　销　　全国各地新华书店、网络书店
印　　刷　　上海安枫印务有限公司
开　　本　　889mm×1194mm　1/20
印　　张　　16
字　　数　　360 000
版　　次　　2024 年 11 月第 1 版
印　　次　　2024 年 11 月第 1 次印刷
书　　号　　ISBN 978-7-5765-1282-3
定　　价　　198.00 元

序

　　机场是人类社会发展重要的基础设施，是人流、物流和信息流快速交换流动的载体。

　　随着我国航空产业的快速发展，近年来我国涌现出一大批优秀的机场航站楼案例。在民航事业的发展中，我们不能仅仅关注大型国际机场航站楼，也要关注占我国机场数量相当大比例的支线机场的航站楼建设，并大力发展支线机场，建设现代、便捷、密集的支线机场网络，从而为我国从单一航空运输强国向多领域民航强国的跨越奠定坚实基础，加快民航高质量发展转向，这就更需要我们在中小型机场航站楼的规划设计理论方面做出一些突破。

　　目前国内与中小型支线机场航站楼相关的研究较少，本书聚焦中小型支线机场航站楼设计，立意明确，适应当前民航发展趋势。作者从中小型支线机场航站楼建筑设计入手，系统地展开研究，分析了支线机场设计现存的问题，指出创新的必要性，并梳理了国内支线机场发展的脉络和趋势，将其划分为四个"代际"，提出目前新一代支线机场航站楼的设计已经超越了前三个"功能时代""造型时代""文化时代"，进入了"体验时代"，进而客观地分析了前三个阶段的特点和不足，提出了第四代"体验式"支线机场航站楼的理念。此外，作者研究并总结了近年国内外的优秀支线机场航站楼案例，这为未来我国支线机场的建设提供了很好的参考借鉴。

目前国内的支线机场研究还大多停留在功能梳理、空间组织等初级阶段，对于新时代航站楼的创作方法还未触及。本书结合作者团队从事机场创作的实践，探索了优秀机场航站楼的设计理念和创作方法，提出了新时代背景下的优秀支线机场航站楼创新设计的评价体系，填补了我国在小型机场航站楼设计领域的空白，这是一个较大的贡献。

本书系统呈现了中小型支线机场航站楼设计中的关键要素及其设计原则，总结了中小型支线机场航站楼的设计规律和创作理念，对提高中小型支线机场航站楼设计的建筑性、艺术性和文化体验感有很强的指导意义。

本书的研究在国内外均不多见，达到了国内领先的水平，对国内中小型机场航站楼建筑设计水平的提高将起到引领作用。

全国工程勘察设计大师
华东建筑设计研究院有限公司总建筑师

前　言

伴随改革开放 40 余年来经济的迅速发展，我国的航空产业快速崛起，截至 2022 年初，我国颁证运输机场已达 248 个（不含港、澳、台地区），中西部机场旅客吞吐量占比提升至 44.4%，战略地位愈发凸显，民航旅客周转量在综合交通占比提升至 33%，基本建成布局合理、功能完善、安全高效的机场网络。《全国民用运输机场布局规划》则提出继续推进全国机场布局，到 2025 年，将新增布局机场 136 个，全国民用运输机场规划布局 370 个（规划建成约 320 个）。

《"十四五"民用航空发展规划》指出，"十四五"时期，我国民航发展将锚定新时代民航强国战略目标，为实现由单一民航运输强国向多领域民航强国的跨越奠定坚实基础。我国已进入民航强国建设新阶段，要求民航加快向高质量发展转型，同时这也意味着航空市场仍有巨大增长潜力。总体来说，"十四五"时期支撑我国民航持续较快增长的基本面没有改变，民航发展不平衡、不充分与人民群众不断增长的航空出行需求的主要矛盾没有变，民航业发展仍处于重要的战略机遇期。

该规划还明确指出，"十四五"期间要完善非枢纽机场布局，新建一批非枢纽机场，加密网络布局。具体而言，"十四五"时期规划新建的 23 个机场全部为支线机场，还有 57 个支线机场将开展新建和迁建前期工作。可以说，在民航"十四五"期间，支线机场建设是民航发展的主角。当前国内门户机场、区域枢纽机场的建设已经与国际接轨，吞吐规模、设计理念、建设品质、管理水平已进入世界先进行列，但支线机场的建设水平还亟待提高。

华东建筑设计研究院有限公司作为我国机场设计建设的先行者，在 20 世纪 60 年代就参与了上海虹桥国际机场的建设，改革开放后，从上海浦东国际机场一期工程开始，持续耕耘机场建设领域 30 余年，先后参与了上海浦东国际机场二期工程、上海浦东国际机场卫星厅、上海浦东国际机场 T3 航站楼、上海虹桥国际机场 T1 航站楼改造、上海虹桥综合交通枢纽、上海虹桥国际机场 T2 航站楼、南京禄口机场 T2 航站楼、杭州萧山机场 T3/T4 航站楼、浙江温州机场、浙江宁波机场、江苏扬泰机场、江苏盐城机场、山东烟台机场、山东日照机场、内蒙古呼和浩特机场、山西太原机场、安徽合肥机场、安徽蚌埠机场、云南昆明机场、云南大理机场、云南澜沧机场、新疆乌鲁木齐机场北航站区、西藏定日机场等众多机场的建设，积累了大量机场建设的工程设计经验，经过提炼总结，在机场规划、航站楼设计、交通组织、运营管理等多方面形成了高水平的理论沉淀，为本书写作打下了坚实基础。

本书从航站楼建筑设计的视角，梳理了当下国内支线机场设计的相关标准和技术要点，覆盖了小型支线机场规划设计中的几乎所有技术细节，形成了完备的资料库。同时总结了近年来国内外的优秀机场航站楼设计案例，对其设计理念及手法进行具体分析，可以为未来支线机场的建设提供丰富的参考借鉴。同时，本书结合作者带领的设计团队从事的机场设计实践，探索了新时代背景下优秀机场航站楼的设计理念、思路和方法，并提出了支线机场航站楼设计创新性的评价维度，为推动我国支线机场航站楼创新设计做出了阶段性的贡献。

　　本书是华建集团继"空港综合技术研究"标杆课题之后，针对小型支线机场的专题研究，是对"空港综合技术研究"课题的补充，进一步丰富了空港研究的内容并完善了相关技术储备。本书的出版将展现华建集团在细分市场中的专业性和竞争力，也可以作为广大一线设计人员的参考资料。

　　特别鸣谢：本书的编撰得到了全国工程勘察设计大师、华东建筑设计研究院有限公司总建筑师郭建祥先生，全国工程勘察设计大师、华东建筑设计研究院有限公司资深总工程师汪大绥先生，全国工程勘察设计大师、华建集团首席总建筑师沈迪先生，上海市建筑学会常务副理事长、华东建筑设计研究院有限公司总建筑师张俊杰先生，原上海机场（集团）总工程师刘武君教授，原首都机场扩建工程指挥部副总指挥朱静远先生，以及华建集团华建科技总建筑师高文艳女士的点拨与指导。

　　在此向行业内各位前辈、师长表示由衷的敬意和深深的感谢！

CONTENTS 目录

目 录
CONTENTS

序
前言

概述 1

1.1 支线机场的范围界定 3
1.2 支线机场一层半式航站楼基础研究 16
1.3 支线机场航站楼设计研究的意义 18

规划篇
支线机场的总体构成及基本要素 21

2.1 机场总体布局构成 22
2.2 飞行区基础知识介绍 23
2.3 航站区基础知识介绍 28

建筑功能篇
航站楼功能区构成及设计要点 47

3.1 航站楼构成要素与旅客流程 48
3.2 航站楼迎送区域设计要点 61
3.3 航站楼值机办票区设计要点 66
3.4 安检 / 联检区域设计要点 77
3.5 候机区域设计要点 87
3.6 登机口设计要点 91
3.7 行李提取厅设计要点 94
3.8 行李处理区设计要点 99
3.9 贵宾区设计要点 107

目录
CONTENTS

4 **空间构成篇**
一层半式航站楼的空间构成　115

4.1　一层半式航站楼的空间组合类型　116
4.2　一层半式航站楼的空间尺度研究　122

5 **创新篇**
支线机场航站楼的设计创新　141

5.1　支线机场航站楼设计存在的问题　142
5.2　航站楼创新设计方法及优秀案例　143

6 **趋势篇**
支线机场航站楼的代际划分与第四代（体验时代）
航站楼的创新实践　203

6.1　支线机场航站楼设计的代际划分　204
6.2　第四代（体验时代）支线机场航站楼设计的创新实践　205

7 **归纳篇**
第四代（体验时代）支线机场航站楼的创新理念与评价　275

7.1　第四代（体验时代）支线机场航站楼设计创新理念与方法　276
7.2　第四代（体验时代）支线机场航站楼设计评价维度与方法　279

图片来源　302
后记　305

1

概

述

随着中国航空产业的快速发展，国内民航运输机场数量增加迅猛。截至 2021 年 12 月 31 日，中国颁证运输机场达 248 个（不含港、澳、台地区），地级市覆盖率达到 91.7%，民航机队飞机总数达 6795 架；民航运输质量效率持续提高，中西部机场旅客吞吐量占比提升至 44.4%，战略地位更加凸显，民航旅客周转量在综合交通中的占比提升至 33%，国际航线达 895 条，通航国家 62 个，基本建成布局合理、功能完善、安全高效的机场网络[①]。在"十三五"期间，我国基本实现了由运输大国向运输强国的历史性跨越。

《全国民用运输机场布局规划》则提出继续推进全国机场布局，到 2025 年，将新增布局机场 136 个，全国民用运输机场规划布局 370 个，其中计划建成约 320 个。

《"十四五"民用航空发展规划》（简称《规划》）指出，中国民航发展将锚定新时代民航强国战略目标，为实现由单一领域民航运输强国向多领域民航强国跨越奠定坚实基础。民航强国建设新阶段要求民航加快向高质量发展转型。这也意味着中国航空市场增长潜力巨大，仍处于重要的战略机遇期。

总体来说，"十四五"时期支撑我国民航业持续较快增长的基本面没有改变，民航发展的不平衡、不充分与人民群众不断增长的航空出行需求的主要矛盾没有变。《规划》明确指出，"十四五"期间应完善非枢纽机场布局，新建一批非枢纽机场，重点布局加密中西部地区和边境地区机场。"十四五"时期规划新建的 23 个机场全部为支线机场，规划迁建的 4 个机场中有 3 个为支线机场，还有 57 个支线机场即将开展新建和迁建前期工作。可以说，在民航"十四五"时期，支线机场建设是民航发展的主角。

---

① 数据来源：《2021 年全国民用运输机场生产统计公报》《"十四五"民用航空发展规划》。

1.1 支线机场的范围界定

1.1.1 中国机场体系分类

《全国民用运输机场布局规划》从服务国家战略的角度出发，统筹考虑社会经济发展以及和各种交通方式的衔接等相关因素，将运输机场划分为世界级机场群、国际枢纽、区域枢纽、干线机场和支线机场五个层次。但是在具体的实务中，根据专业关注点的不同，存在多种机场类型划分方式。

在运营管理维度上，中华人民共和国财政部、中国民用航空局在 2020 年 4 月 30 日颁布《关于修订民航中小机场补贴管理暂行办法的通知》，将国内中小机场的补贴范围从 " 年旅客吞吐量在 300 万人次及以下的民用机场 " 调整至 " 年旅客吞吐量在 200 万人次及以下的民用机场 "，同时，修订后的《民航中小机场补贴管理暂行办法》将国内机场按照所在地区（东部、中部和西部）和年旅客吞吐量（150 万～200 万人次、100 万～150 万人次、50 万～100 万人次、30 万～50万人次、10 万～30 万人次、10 万人次及以下）划分为三大区域、六档标准，共 18 个小类。故年旅客吞吐量在 200 万人次以下的机场可以被认定为中小型机场。《中国民用航空局关于修订印发支线航空补贴管理暂行办法的通知》（民航发〔2013〕28 号）中对于支线航线补贴的机场范围的描述，也与上文所述的 " 中小型机场 " 相对应。

在投资管理维度上，《民航基础设施项目投资补助管理暂行办法》按照年旅客吞吐量，将民用机场分为 5000 万人次以上、950 万～5000 万人次（含）、180 万～950 万人次（含）、50万～180 万人次（含）、50 万人次（含）以下五种类型。

在建设管理维度上，2008 年颁布的《民用机场工程项目建设标准》按年旅客吞吐量将民用机场分为 7 档，规定 1、2 档（年旅客吞吐量小于 50 万人次的机场）适用《民用航空支线机场建设标准》（表 1-1），故在此维度上，可以认定年旅客吞吐量小于 50 万人次的机场为支线机场，主要起降短程飞机，规划的直达航班航程一般在 800 ～1500km 范围内。

表 1-1　旅客航站区建设规模适用标准

机场分档	年旅客吞吐量 P（万人次）	适用的建设标准
1	$P < 10$	《民用航空支线机场建设标准》
2	$10 \leqslant P < 50$	
3	$50 \leqslant P < 200$	《民用机场工程项目建设标准》
4	$200 \leqslant P < 1000$	
5	$1000 \leqslant P < 2000$	
6	$2000 \leqslant P < 4000$	
7	$4000 \leqslant P$	专项审核

注：本表格参照《民用机场工程项目建设标准》自绘。

　　在规划管理的维度上，《中国民用航空发展第十三个五年规划》根据"一带一路"建设、京津冀协同发展、长江经济带发展三大国家战略的需求，将运输机场划分为国际枢纽、区域枢纽、地区枢纽和非枢纽等几种类型。《民用运输机场建设"十三五"规划》的附件 2《国家综合机场体系分类框架》中，根据年旅客吞吐量占全国的比重，对机场进行了分类，具体标准为：①年旅客吞吐量占到总运输量的 1% 以上，且国际旅客吞吐量占全国国际旅客吞吐量比重 5% 以上的机场为大型枢纽机场；②年旅客吞吐量占全国比重的 1% 以上的机场为中型枢纽机场；③年旅客吞吐量占全国比重 0.2% ～ 1% 的为小型枢纽机场；④年旅客吞吐量占全国比重小于 0.2% 的机场为非枢纽机场。（表 1-2）值得一提的是，在这个分类标准中没有对于干线机场和支线机场的分类定义。

表 1-2　国家综合机场体系中运输机场的分类框架

运输机场类别	分类标准	功能属性	分类解释
大型枢纽机场	旅客年吞吐量占全国比重大于 1%，且国际旅客吞吐量占全国国际旅客吞吐量比重 5% 以上	国际性枢纽	大型枢纽机场是国际旅客吞吐量累计占全国 60% 以上的机场群体

续表

运输机场类别	分类标准	功能属性	分类解释
中型枢纽机场	旅客吞吐量占全国比重大于 1%	区域性枢纽	大型和中型枢纽机场是旅客吞吐量累计占全国 80% 以上的机场群体
小型枢纽机场	旅客吞吐量占全国比重大于 0.2%	地区性枢纽	大型、中型、小型枢纽机场是旅客吞吐量累计占全国 95% 以上的机场群体
非枢纽机场	旅客吞吐量占全国比重小于 0.2%	非枢纽	非枢纽机场是旅客吞吐量累计占全国不超过 5% 的机场群体

注：表格资料来源为《民用运输机场建设"十三五"规划》附件 2。

在飞行区建设等级维度上，依据最新《民用机场飞行区技术标准》，机场飞行区应根据拟使用该飞行区的飞机的特性，按指标 I 和指标 II 进行分级。指标 I 按拟使用该飞行区跑道的各类飞机最长的基准飞行场地长度进行区分，用数字 1、2、3、4 表示；指标 II 按拟使用该飞行区跑道的各类飞机的最大翼展或最大主起落架外轮外侧边的间距进行区分，采用字母 A、B、C、D、E、F 表示，两者中取其要求较高的等级，如表 1-3。

表 1-3　《民用机场飞行区技术标准》的两类飞行区分级指标（单位：m）

飞行区指标 I	
等级	飞机基准飞行场地长度
1	< 800
2	800～1200（不含）
3	1200～1800（不含）
4	≥ 1800

飞行区指标 II		
等级	飞机最大翼展	最大主起落架外轮外侧边的间距
A	＜ 15	＜ 4.5
B	15 ～ 24（不含）	4.5 ～ 6（不含）
C	24 ～ 36（不含）	6 ～ 9（不含）
D	36 ～ 52（不含）	9 ～ 14（不含）
E	52 ～ 65（不含）	9 ～ 14（不含）
F	65 ～ 80（不含）	14 ～ 16（不含）

目前，中国机场飞行区等级多以 4F、4E、4D、4C 为主。综合飞行区等级对应的机型来看，4F 类机场可以满足目前所有机型飞机起降；4E 类机场可满足 A330、B747 及以下机型起降；4D 类机场可满足 A300、B767 及以下机型起降；4C 类机场可满足 A320、B737 及以下机型起降。

1.1.2 本书对支线机场的定义

如上文描述，中国不同标准对"支线机场"的定义各有侧重点，但大多依据年旅客吞吐量规模、起降飞机类型、机场所在区位等指标进行分类。综合规范编制的时效性以及对于设计工作指导的有效性，本书主要依据《民用运输机场建设"十三五"规划》附件 2《国家综合机场体系分类框架》对机场进行分类，同时梳理现有的已建成运输机场数据，增加实际年旅客吞吐量、航站楼面积、飞行区等级等指标，得到一个更为清晰、全面的机场分类体系，从而对本书所讨论的支线机场进行更明确的定义。

根据近年来全国民用运输机场旅客吞吐量数据[①]，能够大致判断各个等级机场的旅客吞吐量范

---

① 数据来源：中国民用航空局，http://www.caac.gov.cn/so/s?siteCode=bm70000001&tab=xxgk&qt=2020%E5%B9%B4%E6%9C%BA%E5%9C%BA%E5%90%9E%E5%90%90%E9%87%8F%E6%8E%92%E5%90%8D

围、航站楼规模区间、飞行区等级等各项指标。本书统计了 2019—2021 年三年全国民用运输机场旅客吞吐量数据，根据上文提出的分类指标对其进行分类，并将各类代表性机场的情况逐年列出[①]。

2019 年全国民用机场旅客吞吐总量为 1 351 628 545 人次。根据分类规则，大型枢纽机场有 12 个，位于北京、上海、广州、成都、深圳、昆明、西安、重庆、乌鲁木齐、哈尔滨，其年旅客吞吐量范围为 2000 万～1 亿人次，航站楼规模区间为 24.4 万～141 万 m^2，飞行区等级为 4F 和 4E。中型枢纽机场有 20 个，位于杭州、沈阳、济南、兰州、南宁、贵阳、拉萨、南昌等城市，其年旅客吞吐量范围为 1350 万～4000 万人次，航站楼规模区间为 8.1 万～61.4 万 m^2，飞行区等级为 4F 和 4E。小型枢纽机场有 26 个，位于呼和浩特、鄂尔多斯、西双版纳、张家界等城市，年旅客吞吐量范围为 270 万～1350 万人次，航站楼规模区间为 1.4 万～20.9 万 m^2，飞行区等级为 4E、4D 和 4C。非枢纽机场有 179 个，位于德宏、恩施等城市，年旅客吞吐量为 270 万人次以下，航站楼规模区间为 0.05 万～10.53 万 m^2，飞行区等级为 4E、4D、4C 和 3C。（表 1-4）

表 1-4　2019 年全国民用机场分类表

机场分类	排名	代表机场名称	年旅客吞吐量（人次）	年旅客吞吐量区间（人次）	航站楼规模区间（m^2）	飞行区等级
大型枢纽机场（总数：12 个）	1	北京首都国际机场	100 013 642	2000 万～1 亿（兼顾国际旅客考量）	24.4 万～141 万	4F、4E
	2	上海浦东国际机场	76 153 455			
	3	广州白云国际机场	73 378 475			
	4	成都双流国际机场	55 858 552			
	5	深圳宝安国际机场	52 931 925			
	6	昆明长水国际机场	48 075 978			

---

① 以下表 1-4～表 1-6 数据，分别来自相应年份的民航总局年度机场生产公报及各机场官网。

续表

机场分类	排名	代表机场名称	年旅客吞吐量（人次）	年旅客吞吐量区间（人次）	航站楼规模区间（m²）	飞行区等级
大型枢纽机场（总数：12个）	7	西安咸阳国际机场	47 220 547	2000万～1亿（兼顾国际旅客考量）	24.4万～141万	4F、4E
	8	上海虹桥国际机场	45 637 882			
	9	重庆江北国际机场	44 786 722			
	18	乌鲁木齐地窝堡国际机场	23 963 167			
	21	哈尔滨太平国际机场	20 779 745			
	53	北京大兴国际机场	3 135 074[①]			
中型枢纽机场（总数：20个）	10	杭州萧山国际机场	40 108 405	1350万～4000万	8.1万～61.4万	4F、4E
	31	南昌昌北国际机场	13 637 151			
小型枢纽机场（总数：26个）	32	呼和浩特白塔机场	13 151 840	270万～1350万	1.4万～20.9万	4E、4D、4C
	59	鄂尔多斯伊金霍洛国际机场	2 695 925			
非枢纽机场（总数：179个）	60	北海福成机场	2 679 101	270万以下	0.05万～5.7万	4E、4D、4C、3C
	238	长海大长山岛机场	3260			

注：① 2019 年北京大兴机场新开航，故当年旅客吞吐量较低。

2020 年，受新冠肺炎疫情冲击，国内航空业客流量比 2019 年减少 36.6%，全国民用机场旅客吞吐总量为 857 159 437 人次，根据本书提出的分类指标，大型枢纽机场有 12 个，位于北京、上海、广州、成都、深圳、昆明、西安、重庆、乌鲁木齐，以及哈尔滨，其年旅客吞吐量范围为 850 万～ 4000 万人次（新开航的北京大兴国际机场除外），航站楼规模区间为

24.4 万～141 万 m²，飞行区等级为 4F 和 4E。中型枢纽机场有 23 个，位于杭州、沈阳、济南、兰州、南宁、贵阳、拉萨、大连等城市，年旅客吞吐量范围为 850 万～2800 万人次，航站楼规模区间为 8.1 万～61.4 万 m²，飞行区等级为 4F 和 4E。小型枢纽机场有 24 个，位于石家庄、呼和浩特、西双版纳、威海等城市，年旅客吞吐量范围为 170 万～850 万人次，航站楼规模区间为 1.3 万～20.9 万 m²，飞行区等级为 4E、4D 和 4C。非枢纽机场有 181 个，位于盐城、德宏、恩施等城市，年旅客吞吐量范围为 170 万人次以下，航站楼规模区间为 0.05 万～5.57 万 m²，飞行区等级为 4E、4D、4C 和 3C。（表 1-5）

表 1-5　2020 年全国民用机场分类表

机场分类	排名	代表机场名称	旅客吞吐量 （人次）	旅客吞吐量区间（人次）	航站楼规模区间 （m²）	飞行区等级
大型枢纽机场 （总数：12 个）	1	广州白云国际机场	43 760 427	850 万～4000 万（兼顾国际旅客考量）	24.4 万～141 万	4F、4E
	2	成都双流国际机场	40 741 509			
	3	深圳宝安国际机场	37 916 059			
	4	重庆江北国际机场	34 937 789			
	5	北京首都国际机场	34 513 827			
	6	昆明长水国际机场	32 989 127			
	7	上海虹桥国际机场	31 165 641			
	8	西安咸阳国际机场	31 073 884			

续表

机场分类	排名	代表机场名称	旅客吞吐量（人次）	旅客吞吐量区间（人次）	航站楼规模区间（m²）	飞行区等级
大型枢纽机场（总数：12个）	9	上海浦东国际机场	30 476 531	850 万～4000 万（兼顾国际旅客考量）	24.4 万～4000 万	4F、4E
	17	北京大兴国际机场	16 091 449			
	20	哈尔滨太平国际机场	13 508 687			
	25	乌鲁木齐地窝堡国际机场	11 152 723			
中型枢纽机场（总数：23个）	10	杭州萧山国际机场	28 224 342	850 万～2800 万	8.1 万～61.4 万	4F、4E
	35	大连周水子国际机场	8 587 079			
小型枢纽机场（总数：24个）	36	石家庄正定国际机场	8 203 974	170 万～850 万	1.3 万～20.9 万	4E、4D、4C
	59	威海大水泊机场	1 807 384			
非枢纽机场（总数：181个）	60	盐城南洋国际机场	1 691 883	170 万以下	0.05 万～5.57 万（未考虑伊金霍洛机场）①	4E、4D、4C、3C
	240	重庆仙女山机场	200			

注：①鄂尔多斯伊金霍洛机场航站楼规模为 10.53 万 m²，2020 年，由于受疫情影响，该机场客流量下降非常大，故本表未将伊金霍洛机场航站纳入对 2020 年非枢纽机场的统计。

　　2021 年，国内航空业有所恢复，客流量比 2020 年提高了 5.9%，全国民用机场旅客吞吐总量为 907 482 935 人次，根据分类规则，大型枢纽机场有 13 个，位于北京、上海、广州、成都、深圳、昆明、西安、重庆、乌鲁木齐，以及哈尔滨，其年旅客吞吐量范围为 907 万～4025 万人次（未考虑当年新开航的成都天府国际机场的年旅客吞吐量），航站楼规模区间为 24.4 万～141 万 m^2，飞行区等级为 4F 和 4E。中型枢纽机场有 21 个，位于杭州、沈阳、济南、兰州、南宁、贵阳、拉萨、温州等城市，年旅客吞吐量范围为 907 万～2820 万人次，航站楼规模区间为 8.1 万～61.4 万 m^2，飞行区等级为 4F 和 4E。小型枢纽机场有 31 个，福州、呼和浩特、西双版纳、呼伦贝尔等城市，年旅客吞吐量范围为 182 万～907 万人次，航站楼规模区间为 1.4 万～21.6 万 m^2，飞行区等级为 4E、4D 和 4C。非枢纽机场有 183 个，位于赣州、德宏、恩施等城市，年旅客吞吐量在 182 万人次以下，航站楼规模区间为 0.05 万～4.40 万 m^2，飞行区等级为 4E、4D、4C 和 3C。（表 1-6）

表 1-6 2021 年全国民用机场分类图表

机场分类	排名	代表机场名称	旅客吞吐量（人次）	旅客吞吐量区间（人次）	航站楼规模区间（m^2）	飞行区等级
大型枢纽机场（总数：13 个）	1	广州白云国际机场	40 249 679	907 万～4025 万（兼顾国际旅客考量）	24.4 万～141 万	4F、4E
	2	成都双流国际机场	40 117 496			
	3	深圳宝安国际机场	36 358 185			
	4	重庆江北国际机场	35 766 284			
	5	上海虹桥国际机场	33 207 337			
	6	北京首都国际机场	32 639 013			
	7	昆明长水国际机场	32 221 295			
	8	上海浦东国际机场	32 206 814			

机场分类	排名	代表机场名称	旅客吞吐量（人次）	旅客吞吐量区间（人次）	航站楼规模区间（m²）	飞行区等级
大型枢纽机场（总数：13 个）	9	西安咸阳国际机场	30 173 312	907 万～4025 万（兼顾国际旅客考量）	24.4 万～141 万	4F 和 4E
	11	北京大兴国际机场	25 051 012			
	18	乌鲁木齐地窝堡国际机场	16 880 507			
	25	哈尔滨太平国际机场	13 502 030			
	47	成都天府国际机场	4 354 758[①]	/		
中型枢纽机场（总数：21 个）	10	杭州萧山国际机场	28 163 820	907 万～2820 万	8.1 万～61.4 万	4F 和 4E
	33	温州龙湾国际机场	9 231 409			
小型枢纽机场（总数：31 个）	34	福州长乐国际机场	9 037 195	182 万～907 万	1.4 万～21.6 万	4E、4D 和 4C
	65	呼伦贝尔海拉尔机场	1 825 229			
非枢纽机场（总数：183 个）	66	赣州黄金机场	1 808 479	182 万以下	0.05 万～4.40 万（未考虑伊金霍洛机场）[②]	4E、4D、4C 和 3C
	248	长海大长山岛机场	164			

注：① 成都天府国际机场由于当年新开航，该年旅客吞吐量较低。
　　② 本表未将鄂尔多斯伊金霍洛机场纳入对非枢纽机场的统计的原因，同表 1-5。

综合以上三年的数据分析可以看出，虽然个别机场的分级因为当年的客流规模变化有所调整，但是大部分机场的分级是稳定的。《国家综合机场体系分类框架》中的 4 级机场分级与《全国民用运输机场布局规划》中的国际枢纽、区域枢纽、干线机场和支线机场 4 个层次相对应。由于疫情冲击，2020—2021 年的整体数据并不能反映常态下机场的旅客吞吐量，本书根据 2019 年统计数据，基于上文使用的分类指标，对中国机场分类作出以下定义（表 1-7）：

大型枢纽机场（即国际枢纽机场）：主要分布于国家政治经济中心城市，或区域性社会、经济和文化中心城市，且这些城市常常为区位优势明显的对外口岸型省会城市、直辖市。目前中国有 13 个大型枢纽机场，按照疫情前正常客运水平，这类机场都是年旅客吞吐量在 4000 万～1 亿人次的"巨无霸级"航空枢纽（乌鲁木齐和哈尔滨机场年旅客吞吐量虽不足 4000 万人次，但其国际区位决定了其大型枢纽机场的定位）。

区域枢纽机场：主要分布于省会城市、个别计划单列市，大致有 23 个，此类机场主要承担省内集散、国内跨省游客中转的功能，正常时期客流量在 1300 万～4000 万人次之间，构成国家空运次骨干级网络。

小型枢纽机场（即干线机场）：主要分布于各个重要旅游节点城市、地级市，年旅客吞吐量在 270 万～1300 万人次之间。目前国内此类机场有 30 个左右。

非枢纽机场（即支线机场）：服务于地市州所在地或个别县区，年旅客吞吐量小于 270 万人次。目前国内大致有 180 个该等级的机场，约占国内机场总数的 75%。

表 1-7　本书提出的全国民用机场分类表

机场分类	年旅客吞吐量区间（人次）	航站楼规模区间（m²）	主流飞行区等级
大型枢纽机场	4000 万～1 亿 （兼顾国际旅客考量）	24.4 万～141 万	4F
区域枢纽机场	1300 万～4000 万	8.1 万～61.4 万	4E
小型枢纽机场	270 万～1300 万	1.4 万～20.9 万	4E
非枢纽机场	270 万以下	0.05 万～5.57 万	4C

注：表中数据参考中国民航总局 2019 年度机场生产公报及各机场官网。

综合上述分析，本书所讨论的支线机场定义为年旅客吞吐量在 270 万人次（占当年全国航空客流量比重 0.2%）以下，航站楼建筑规模在 10 万 m^2 之内的机场，其飞行区等级以 4C 为主，满足主力机型 B737、A320 及以下机型起降。

1.1.3 支线机场航站楼规模及类型

中国现有的支线机场航站楼的面积在 $500m^2$ 到 5.57 万 m^2 不等，航站楼面积有大有小，而基本的功能却不能少，可谓麻雀虽小，五脏俱全。因此，研究支线机场的功能流程，依据其吞吐规模、服务等级等细分航站楼规模，结合交通、投资、空侧组织等因素选择最适宜的航站楼类型，在支线机场的建设初期显得尤为重要。

当前，机场航站楼的类型主要分为一层式、一层半式和两层式。本书以 2019 年全国 179 个支线机场为例，整理了中国支线机场航站楼规模及类型数据，通过归纳总结，提出了支线机场类型细分指标（表 1-8）。进一步对 179 个航站楼的规模及年旅客吞吐量进行分区间统计，结果如图 1-1 和图 1-2。

表 1-8　中国支线机场航站楼规模及类型统计（以 2019 年数据为准）

机场构型	年旅客吞吐量（万人次）	航站楼规模（万 m^2）	数量	比例
两层式	253.15～16.48	5.57～1.43	17	9.50%
一层半式	267.91～3.95	3.2～0.50	90	50.28%
一层式	171.12～0.326	1.4～0.05	72	40.22%

注：本表中的旅客吞吐量统计排除了当年恢复通航的九寨黄龙机场和年末新通航的甘孜格萨尔机场。

由上述统计可知，我国中小型支线机场面积大多在 2000～30 000m^2 之间，年旅客吞吐量在 270 万人次以内。大多数一层式航站楼面积小于 5000m^2，年旅客吞吐量在 150 万人次以内；一层半式航站楼面积大多在 10 000～25 000m^2，年旅客吞吐量在 270 万人次以内；二层式航站楼面积大多在 15 000～40 000m^2 之间，年旅客吞吐量大多在 150 万人次以上，最高的接近 300

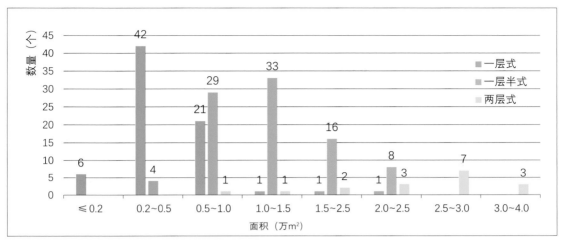

图 1-1　2019 年中国 179 座支线机场航站楼三种类型的规模（面积）统计

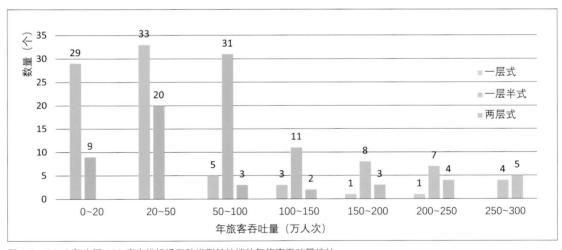

图 1-2　2019 年中国 179 座支线机场三种类型航站楼的年旅客吞吐量统计

万人次。由此可见，一层半式航站楼适用范围最广，其规模灵活度最大，在 2000 ～ 25 000m² 之间均可实现，还可以满足 270 万人次以内的年旅客吞吐量需求。因此，一层半式航站楼是当前中国支线机场航站楼的主流类型。

此外，相对于一层式航站楼，一层半式航站楼的近机位登机连廊能提供更良好的室内登机体验感，同时，由于大量候机空间与值机安检以及到达行李提取功能空间错层布置，这类航站楼能够容纳更多的旅客。对于二层式航站楼，本身两层式的结构就决定了航站楼的面积不会小，同时为了垂直分流而设置的站前高架道路，对投资和陆侧交通组织也有较高要求。但新建机场的客流量往往达不到大规模机场的要求，故二层式航站楼很难获批。一层半式航站楼依靠其优秀的向上向下兼容性、良好的使用体验，以及明显的经济性优势，成为发展前景较为广阔的支线机场航站楼类型。

1.2　支线机场一层半式航站楼基础研究

1.2.1　类型特点

一层半式航站楼是基于航站楼竖向工艺流程而提出的概念，可以理解为一层加半层的剖面构成。以图 1-3 所示的航站楼剖面为例，这类航站楼一般会在陆侧设置通高出发 / 到达大厅，在其一层靠近陆侧会布置值机办票柜台、安检区和到达大厅，靠近空侧会布置行李提取厅、远机位候机厅，以及各种设备用房。二层近机位候机区在空间上一般和迎送大厅空间连通，处于同一个屋面下，这样的构成使得整个空间显得通透、大气。

1.2.2　工艺流程

以笔者团队设计的西藏定日机场航站楼为例（图 1-4），一层半式机场航站楼旅客出发工艺流程为：旅客通过单层道路抵达航站楼首层的出发大厅，经过出发旅客办票、安检等程序后，可以通过电梯扶梯上到二层候机大厅，通过近机位登机连廊登机，也可以在一层远机位大厅候机，

图 1-3　一层半式航站楼剖面示意

图 1-4　一层半式航站楼旅客流程示意

通过摆渡车或步行到达飞机登机梯登机。旅客到达流程为：通过登机连廊下机，在二层经到达通道下到一层行李提取厅，后通过到达大厅离开，流程简洁明晰。

1.2.3 交通组织

一层半式航站楼的陆侧交通组织主要分为外部道路交通和内部道路交通。外部道路是服务于旅客的道路，主要由进出场路、楼前道路、车道边道路和循环容错道路组成；内部道路则是服务于机场综合配套服务设施的道路。

由于航站楼门前车道只有一个标高，要合理组织楼前不同车流，就需要借助多条车道边。车道边一般是由机动车道、车道侧边的人行道及人行道边的停车区域组成，主要是作为到港旅客和出港旅客上下各种车辆的等待区域，其长度是非常重要的设计数据。根据旅客是到港还是出港，车道边可分为出发车道边和到达车道边；按车辆类型，可分为出租车车道边、巴士车道边、社会车辆车道边及贵宾车道边。按照公共交通优先原则，一般巴士车道边布置于内侧上游车道，社会车辆车道、出租车到达车道边布置于内侧下游车道。

为了防止车辆流线交叉，一般车辆在航站楼前会沿同一个方向行驶，在楼前形成一个固定方向的环形交通流线。

在后续的章节中，本书将以上述三个方面为基础，对支线机场一层半式航站楼的设计方法展开深入论述。

1.3 支线机场航站楼设计研究的意义

1.3.1 现实意义

在中国大型枢纽机场规模不断扩大、设施服务不断完善的背景下，民航业发展迎来了新的目标。民航"十四五"规划针对未来支线机场发展提出的一系列目标，已表明民航"十四五"时期，支线机场建设是中国民航发展的重要内容。从国家发展层面来看，支线机场建设还是打造现代化国家机场体系的重要一环，2021 年 2 月发布的《国家综合立体交通网规划纲要》专栏二中提出到 2035 年，国家拟布局 400 个左右的民用运输机场，届时中国将基本建成以世界级机场群、国际航空（货运）枢纽机场为核心，区域枢纽机场为骨干的国家综合机场体系，而支线机场和通用机场将成为这一体系的重要补充。建设现代化、便捷、密集的支线机场航空网络，成为国家建设航空强国所必须面对的任务。

此外，发展支线机场符合我国西部大开发，全面建设小康社会的基本政策方针。"十三五"时期，中国综合交通运输体系建设取得了历史性成就，交通运输基础设施网络日趋完善，综合交通网络总里程突破 600 万 km，"十纵十横"综合运输大通道基本贯通，高速铁路运营里程翻一番、对百万人口以上城市覆盖率超过 95%，高速公路对 20 万人口以上城市覆盖率超过 98%，但是综合交通运输发展不平衡、不充分问题仍然突出，西部老少边穷地区、少数民族地区、地形条件不利地区等地的高速公路、高速铁路等基础设施投入成本过高，建设难度大。而建设支线机场投资少、见效快，对生态环境的影响小，正是补齐短板的有效手段。通过在这些地区部署支线机场，可以有效地拉动地区经济发展，充分挖掘西部地区丰富的历史人文、自然风光等资源的潜力，加强地区间联系，提升当地人民生活品质。

再者，中国西部地区地形复杂，自然环境艰苦，在一些边陲地区合理设置军民合用的支线机场，也能有效地稳固边境国防，对于增强国家在地区的影响力有重大意义。

综上所述，面对巨大建设需求，本书希望通过对支线机场的设计方法及创新路径进行归纳总结和深入研究，为小型支线机场航站楼（特别是一层半式航站楼）梳理一套设计框架，并制定航站楼设计创新性的评价体系，为日后中国的支线机场设计者提供更多共识以及有效的参考借鉴。

1.3.2 理论价值

随着生活水平的不断提高，人民对于美好事物的追求和鉴赏能力在不断提升，旅客对航空出行提出了更高的要求，交通建筑的设计与建造也将进入新阶段。而机场作为公共基础设施，其建设发展也得到越来越多的重视，越来越多的地方政府已经充分认识到民航机场对于提升地方窗口形象、促进招商引资、加快旅游业开发、推动区域振兴的作用。在此背景下，航站楼还肩负了文化宣传、整合资源等功能。

目前中国对于支线机场的研究大多集中于功能梳理、空间组织等基础需求，对于新时代航站楼面临的更高要求，以及与之相适应的创新设计方法还基本未有关注。本书希望通过对国内外最新的支线机场设计案例进行分析，总结提炼其优点，深入剖析其不足之处，并结合笔者从事机场航站楼设计的多年经验与感悟，提炼出优秀机场航站楼的设计标准和设计方法论，为中国机场设计创新领域的研究添砖加瓦。

2

规划篇

支线机场的总体构成及基本要素

2.1 机场总体布局构成

机场（airport）是指陆地或水面上提供飞机起飞、着陆和地面活动使用的划定区域，包括附属的建筑物、装置和设施。与一般机场一样，支线机场的运行系统由空中保障系统（航站空间）、地面保障系统（飞行区）、客货服务系统（航站区）及工作支持系统（工作区）组成。（图 2-1）

航站空间（空中保障系统）指的是航班停留区域的停站空间及条件，包括空管、导航、通信及气象系统等。

飞行区（地面保障系统）主要由运转区和机坪组成。运转区是供飞机起飞、着陆、滑行的场地区域，机坪是供飞机滑行、停靠、驻留、上下客、装卸货、维护及补给的场地区域。在空间位置上，飞行区是由空陆侧交界处建筑物和室外隔离设施所围合的空侧区域。

航站区（客货服务系统）是指机场内航站楼及其配套的站坪、交通、服务等设施所在的区域，主要为旅客服务，是以旅客航站楼为中心的区域。航站区分为空侧和陆侧区域，空侧区域主要包

图 2-1　机场运行系统的构成

括航站楼空侧部分及站坪，陆侧区域主要包括航站楼陆侧部分、陆侧旅客集散系统及综合配套服务区。

工作区（工作支持系统）主要是指为飞行区和航站区提供保障服务的部分，包括生产主体设施、生产辅助设施和地面交通及公共设施。

四大区域的功能及设施应相互配合、同步建设、协调发展，才能保证机场运行安全，运作效率最大化。其中，飞行区和航站区（图2-2）可被视为支线机场的主要功能区域。

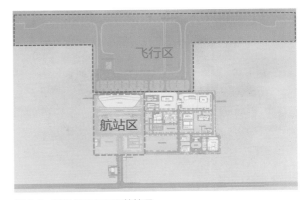

图 2-2　某机场飞行区和航站区

2.2　飞行区基础知识介绍

本节重点介绍飞行区的运转区（飞机运行区域）及机坪（飞机停靠区域）这两个组成部分。

2.2.1　运转区

运转区是保障飞机起落及滑行的区域，本节主要介绍转运区升降带及滑行道的基础知识，以及相应的设计要点。

2.2.1.1　升降带

升降带（runway strip）是一块划定的、包括跑道和停止道（如设有）及其临近区域的场地，用以减少航空器冲偏出跑道时遭受损坏的危险，并保障航空器在起飞或着陆运行阶段的安全。升降带通常包括跑道、跑道掉头坪、道肩及升降带地表。

跑道（runway）是陆地机场上经修整的、供航空器着陆和起飞而划定的一块长方形场地。

跑道掉头坪（runway turn pad）是机场内紧邻跑道的划定区域，供飞机在跑道上完成 180°转弯。

道肩（shoulder）是与跑道、滑行道、机坪道面相接，经过整备的、作为道面与邻近部位之间过渡区域的场地。（图 2-3）

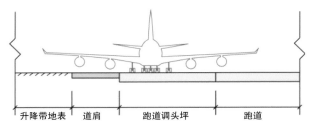

图 2-3　升降带场地剖面示意图

2.2.1.2　滑行道

滑行道（taxiway）是供飞机滑行并将机场的一部分与其他部分相连接的规定通道。根据其与跑道的方向关系，滑行道可分为平行滑行道和联络滑行道；根据其功能特性，则可分为机位滑行通道、机坪滑行道、快速滑行道及绕行滑行道等。

机位滑行通道：机坪的一部分，仅供飞机进出机位滑行用。

机坪滑行道：属于滑行道系统的一部分，但位于机坪上，供飞机穿越或通过机坪使用。

快速滑行道：以锐角与跑道连接，供着陆飞机较快进入或脱离跑道使用。

绕行滑行道：在跑道端以外设置的供飞机绕行的滑行道，用以避免或减少飞机穿越跑道。

2.2.2　机坪

机坪（apron）是机场内供航空器上下旅客、装卸邮件或货物、加油、停放或维修等使用的一块划定区域。站坪（terminal apron）是机坪靠近航站楼附近的部分，本节将重点介绍站坪部分停机位空间构成的相关基础知识。

2.2.2.1　停机位的基本尺寸

在停机位设计中，飞机基本尺寸和飞机进出港方式是两个重要的考虑因素。

1. 飞机基本尺寸

飞机主要由机翼、机身、尾翼、起落装置及动力装置等部分组成。

根据国际民航组织的"航空器等级分类表",依照航空器在跑道入口时的速度等指标,可将飞机分为 A、B、C、D、E、F 类。各类型飞机尺寸相差较大,A 类飞机如赛纳斯 AC208 机身长 11.4m、翼展宽 15.87m、高度为 4.53m,而 E 类飞机如著名的"空中巨无霸"空客 A380 机身长 72.75m、翼展宽 79.75m、高度为 24.09m。(图 2-4)

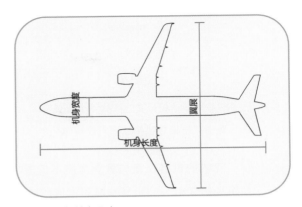

图 2-4　飞机基本尺寸

支线机场一层半式航站楼因航线旅客量因素,起降机型以 C 类窄体机型为主。C 类飞机的代表是波音公司的 B737 系列和空客公司的 A320,首架国产大飞机 C919 也属于 C 类飞机,其机身长 38.9m、翼展宽 35.8m、高度为 11.95m。(表 2-1)

表 2-1　部分 C 类飞机尺寸(单位:m)

机型	长度	翼展	高度
波音 B737-100/200	29.54	28.35	11.28
波音 B737-300	33.40	28.88	11.13
波音 B737-600	< 33.63	34.31	12.55
波音 B737-700	33.63	34.31	12.55
波音 B737-800	39.48	34.31	12.55
麦道 MD-80	45.06	32.87	9.04
麦道 MD-90	46.51	32.87	9.33

续表

机型	长度	翼展	高度
空客 A320-200	37.57	33.91	11.80
C919	35.8	38.9	11.95
ARJ 21-700	27.29	33.47	8.44

注：表中数据由登机桥生产厂家提供。

飞机的机身长宽与翼展宽度不仅影响航站楼空侧设计，也会影响航站楼内部的功能设置，比如机场最大机型的机身长度和宽度就决定了航站楼应急救护机构的设置。

根据《民用运输机场应急救护设施设备配备》（GB 18040—2019）的规定，机场应急救护保障等级分为 1～10 级，由机场最大飞机机型的尺寸决定。（表 2-2）

表 2-2 机场应急救护保障等级划分（单位：m）

机场应急救护保障等级	最大机型飞机机身全长	最大机型机身宽度
1	< 9	2
2	9～12（不含）	2
3	12～18（不含）	3
4	18～24（不含）	4
5	24～28（不含）	4
6	28～39（不含）	5
7	39～49（不含）	5
8	49～61（不含）	7
9	61～76（不含）	7
10	≥ 76	8

注：表中数据来源于《民用运输机场应急救护设施设备配备》（GB 18040—2019）第 3.2.1 条。

根据表 2-1，支线机场服务的主流机型为 B737 及 A320，其翼展均在 28～39m，因此支线机场的应急救护保障等级通常不会超过 6 级。确定了机场的应急救护保障等级后，就能相应确定机场航站楼内应急救护机构的设置数量及其面积大小，如表 2-3 所示。

表 2-3　机场应急救护机构设置数量

数量\类别	应急救护保障等级			
	1 级～4 级	5 级～6 级	7 级～8 级	9 级～10 级
应急救护中心	—	—	0～1	1
急救站	—	0～1	1	≥1 根据跑道数量设置
急救室	0～1	1	≥1 根据航站楼面积设置	

注：① 表中数据来源于《民用运输机场应急救护设施设备配备》（GB 18040—2019）第 4.2.5 条。
　　② 7 级（含）以上机场航站楼，旅客集中区域急救室、急救站等应急救护机构的最大间隔距离应不超过 1000m，超过的应补充增设急救室、急救站。

支线机场的应急救护等级通常为 6 级，由表 2-3 可知，应设置 1 个急救室，可不设置急救站，且不须设置应急救护中心。

2. 飞机进出港湾方式

飞机的动力系统仅提供前进的动力，在场地条件受限时，飞机进出港湾会由顶推车推行，因此进出港湾方式主要有"自滑进自滑出"和"自滑进顶推出"两种方式。

自滑进自推出：飞机在进出港湾时，均依靠自身动力滑动完成，形式简单，需要较大的场地面积。一般远机位采用"自滑进自滑出"的方式。（图 2-5）

自滑进顶推出：飞机进入港湾时依靠自身动力滑动完成，出港湾时依靠顶推车提供动力完成。近机位主要采用"自滑进顶推出"的方式。（图 2-6）

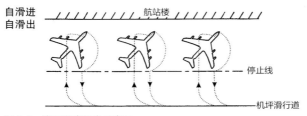

图 2-5　自滑进自滑出示意图

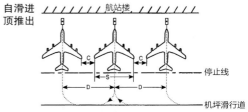

图 2-6　自滑进顶推出示意图

2.2.2.2　停机位的布置

依据上文研究，C 类飞机的机身长度多在 30～45m 之间，翼展多在 30～35m 之间，综合考虑各 C 类机型尺寸，支线机场的停机位尺寸一般设计为 45m×36m。

停机位需要同时满足地面服务设施的空间需求，地面服务包括货物装卸、加油、飞机维护等，提供地面服务的车辆有牵引车、食品车、货运车、清洁车等。为了满足地面服务车辆的安全运行，停机位之间保留一定的间距，根据规范，C 类机型之间最小安全距离为 4.5m，根据使用习惯则通常要求保持 6m 间距；也有个别飞机起降集中率较高的机场，安全距离要求为 9m。此外，近机位的空间尺度对支线机场航站楼设计也有影响。根据上文所述，C 类机型停机位的宽度通常为 36m，停机位之间的安全距离则多为 6m 或 9m，由此可基本推算出航站楼登机桥之间的距离多为 42m 或 45m，该数据可以作为航站楼主要柱跨的参考依据：当安全距离为 6m 时，柱跨可取（36+6）/4=10.5m；当安全距离为 9m 时，柱跨可取（36+9）/5=9m。

同时，可根据近机位的数量来估算航站楼长度的最小值：近机位数量决定了最远两端登机桥之间的距离，再加上一个柱跨的长度，大约可以确定航站楼空侧长度的最小值。（图 2-7）

2.3　航站区基础知识介绍

本节重点讨论航站区的航站楼（含登机桥）及陆侧交通系统（含停蓄车场）这两个组成部分。（图 2-8）

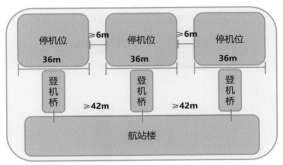

图 2-7 近机位空间尺度与航站楼空间尺度的关系

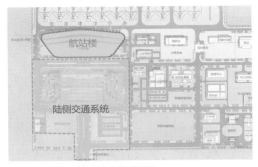

图 2-8 某机场的航站区设计要素

2.3.1 航站楼及其构型

航站楼（airport terminal）是供公共运输航班旅客办理进出港手续并提供行李、安检、候机等相应服务的建筑。航站楼也是联系各种地面出入通道与旅客禁入基础设施系统（即升降带和滑行道等）之间的主要交界面。

航站楼可分为空侧区域和陆侧区域，空侧和陆侧以安检区或国际联检区作为分界。航站楼的陆侧区域与车道边及其他陆侧交通系统连接，由办票大厅、出发大厅、行李提取厅、贵宾区、安检厅或国际联检厅等主要空间组成。旅客通过安检或联检后到达空侧区域，通过登机桥登上飞机。空侧区域由商业区、候机区、登机桥、到达大厅、到达廊道和行李处理区等主要空间组成。

航站楼的设计始于构型的确定，构型的选择需综合考虑站坪、陆侧交通、旅客吞吐量、建筑规模、近机位数量等因素。

2.3.1.1 按航站楼与空侧衔接方式分类

根据航站楼与空侧机位的衔接方式，航站楼构型可分为前列式、指廊式、卫星厅式。其中，指廊式构型与卫星厅式构型适用于机位较多的中大型、超大型机场，并不适用于小型机场。对国内目前已建成的、规模在 1 万～3 万 m² 的一层半式支线机场航站楼的统计结果表明，这些航站楼构型以前列式为主。

前列式构型：由一条两边可扩展的旅客候机长廊与航站楼主楼组成。候机长廊可以为直线形或其他几何形状。飞机停泊在候机长廊的一侧或两侧。（图 2-9）

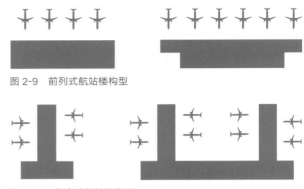

图 2-9　前列式航站楼构型

图 2-10　指廊式航站楼构型

指廊式构型：由一个集中的航站楼主楼和一系列候机指廊组成港湾，多用于机位数量较多的大型、超大型机场，中型机场也偶有使用。小型机场可能因为场地条件限制或者未来扩建条件等因素选择指廊式构型，但相较于前列式，此类构型的航站楼飞机运行较为复杂，空侧运营效率低。（图 2-10）

2.3.1.2　按航站楼主体建筑构型分类

采用前列式和指廊式构型的一层半式支线机场航站楼，受机位数、飞机运行效率、站坪占用面积、经济性等因素的影响，其主体建筑构型主要为矩形，也可以采用三角形、圆形、T 字形等。

如航站楼主体建筑构型为矩形（图 2-11），则飞机停泊在航站楼空侧，陆侧组织进场道路系统和停车场。

如航站楼主体建筑构型呈三角形（图 2-12），则在长边组织空侧机位布置，在较短的两边组织陆侧交通，一侧用于出发、一侧用于到达，实现到发分区，可解决一般矩形构型车道边较短的问题。

航站楼主体建筑构型也可为圆形，如大名鼎鼎的法国戴高乐机场 T1 航站楼呈现出一个飞碟形设计，其一层到三层均为出发层，四层则是到达大厅，乘客在此区域提取行李（图 2-13）。稻城亚丁机场航站楼主体构型则是矩形与圆形结合（图 2-14）。

T 字形构型航站楼的主体建筑空侧向外伸出一条指形廊道，飞机在指廊两侧停放（图 2-15）。

图 2-11　澜沧景迈机场的矩形航站楼

图 2-12　西藏自治区某机场的三角形航站楼

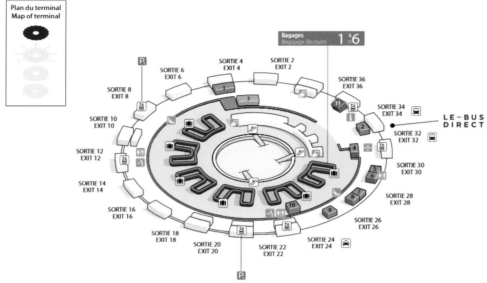

图 2-13　法国戴高乐机场圆形的 T1 航站楼

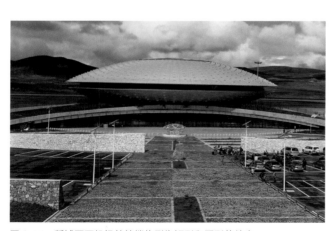

图 2-14　稻城亚丁机场航站楼构型为矩形和圆形的结合

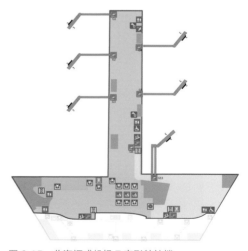

图 2-15　北海福成机场 T 字形航站楼

2.3.2　登机桥

　　登机桥的作用是连接航站楼登机口和飞机舱门,可分为固定桥和活动桥。活动桥属于设备设施,需向登机桥厂家购买;固定桥既可以向厂家购买成品,也可以作为航站楼的建筑组成部分建造。

2.3.2.1　登机桥的种类

　　固定桥:一般由封闭的廊桥、电气用房及疏散楼梯等组成,旅客在通过登机门检票后进入固定廊桥,再经活动桥登机。固定桥根据使用方式可分为单层桥(图2-16)和双层剪刀桥,一层半式支线机场航站楼受流程因素影响,所使用的固定桥均为单层桥。

　　固定桥内部通道最小净高宜不小于2400mm,最小净宽宜不小于2200mm。登机桥两侧外立面可采用玻璃幕墙或铝板幕墙,需考虑自然排烟窗,外窗开启的有效面积不小于固定桥地面面积的2%,西向、南向外立面建议考虑遮阳设施,登机桥与航站楼之间、登机桥与站坪之间的疏散楼梯交接处需设置变形缝。

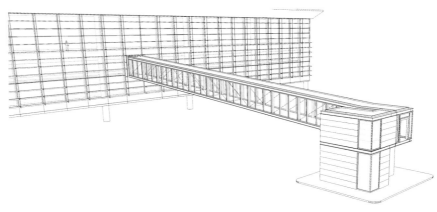

图 2-16　上海浦东国际机场卫星厅的单层固定桥模型透视示意图

活动桥：桥体一端与固定桥通过转台连接，另一端与飞机舱门连接，在一定范围内可灵活调整长度、高度与角度。

活动桥为厂家提供的成品，受到飞机停靠的位置、飞机舱门、服务车辆的运行空间、设备摆放位置等条件制约。活动桥通过在一定范围内旋转角度、伸缩长度与固定桥连接，对固定桥的长度及坡度、转台的位置及高度都有一定的限制和要求。

2.3.2.2　登机桥长度和坡度

在满足航站楼室内合理使用高度要求及机位接桥条件的前提下，航站楼首层层高通常控制在 5.5～6.5m。

飞机舱门高度一般为 2.45～3.45m（如 B737-700 最低舱门高度为 2.59m，C919 最低舱门高度为 3.41m），考虑站坪的停机位的高度会略低于航站楼一层室内的高度 0.5m 左右，飞机停靠在近机位时，飞机舱门相对航站楼首层正负零的标高为 2.0～3.0m，因此航站楼二层出发廊道与飞机舱门的高差范围为 2.5～4.5m。两者的高差需要通过登机桥的坡度处理消化，因此最低舱门高度是影响登机桥设计的主要因素。在常见的 C 类飞机中，舱门高度明显偏低的是 ARJ21-700（2.26m），近机位接机难度相对较大。当登机桥连接这种机型确有困难时，可考虑将这种机型的停机位停止线后移以增长登机桥长度，或对于这种机型仅采用远机位登机方式（需与机场运营方协商）。

固定桥和活动桥通过转台连接，此处高度约为航站楼二层高度与飞机舱门高度的均值，一般取 3.75～4.75m，标高一般取 4～4.5m。

根据设计规范要求，活动桥和固定桥允许的最大坡度是 1：10，从旅客舒适性角度出发，在有条件的情况下，应尽量放缓坡度，并建议固定桥坡度不超过 1：12。

航站楼二层高度与接转台高度的高差为 1.5～2m，设计坡度通常取 1：12，登机桥的斜坡段长度为 18～24m，固定桥接转台处有约 6m 的平段缓冲区域，由此可推算出固定桥的最小长度约为 24m，一般将固定桥长度控制在 30m 左右。（图 2-17）在实际项目中，需与活动桥设计单位紧密沟通，在确保活动桥合理使用的前提下，明确转接台高度和尽量缩短固定桥长度。

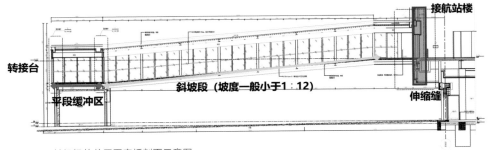

图 2-17 某机场的单层固定桥剖面示意图

2.3.2.3 登机桥下净高

登机桥下方为机头服务车道，用于通行食品车、摆渡车及顶推车等各种服务车辆，同时还需要满足消防车的通行要求。

服务车辆分为小型车和大型车，总长不大于 6.0m、总宽不大于 2.5m、总高不大于 3.0m 的车辆为小型车，其余车辆为大型车。小型车单车道通行宽度不小于 3.5m，通行高度也不小于 3.5m；大型车单车道通行宽度不小于 4.5m，通行高度不小于 4.0m。根据《民用机场航站楼设计防火规范》（GB 51236—2017）要求，消防车的单车通行宽度和高度均不小于 4.5m。

部分服务车辆的一般尺寸如表 2-4 所示。

表 2-4 部分服务车辆尺寸（单位：mm）

设备名称	一般尺寸（长 × 宽 × 高）
飞机牵引车	6180 × 2220 × 2130
交流 / 直流电源车	5800 × 2000 × 2240
航空食品车	4790 × 2400 × 3800
垃圾车	7000 × 2220 × 3430

设备名称	一般尺寸（长 × 宽 × 高）
普通客梯车	7540 × 2400 × 3400
机场摆渡车	13 000 × 3000 × 3290
行李传送车	8800 × 2200 × 2050/1510
行李拖车头	3860 × 1670 × 1720
行李拖斗（板）	3100 × 1500
管线加油车	8900 × 2500 × 3050

注：表中数据由民航单位提供。

2.3.3 陆侧交通系统

陆侧交通系统主要由道路系统及停蓄车场组成，而道路系统又分为进出场道路、楼前道路、车道边道路、辅助服务道路、循环容错道路，是航站区运作的大动脉。

陆侧交通系统是旅客及工作人员高效进出航站区及到达相应功能建筑的纽带，组织不同车行流线、人行流线、车道边是陆侧交通设计的关键。

2.3.3.1 陆侧道路系统整体设计要点

陆侧道路系统设计的重点为进出场路、楼前道路及车流线组织。陆侧道路系统设计既要规划各种车辆的流线，也要关注通用的基本要求，例如车速控制、道路宽度及净高、道路坡度及道路转弯半径等。

车速控制：一般来说，进出场路车速控制在 60 ～ 80km/h；楼前道路、车道边道路、循环容错道路车速控制在 20 ～ 40km/h；辅助道路车速控制在 20 ～ 50km/h。

道路的宽度及净高：根据通行车辆类型有不同的要求，航站区陆侧主要道路必须考虑大巴车辆，车道宽度至少为 3.5m，净高至少为 4.5m，在场地允许的条件下还可适当放宽，以保证更好的舒适性。根据航站楼相关防火规范，消防车辆通行的宽度和净高均不低于 4.5m。

道路坡度：根据相关道路规范，道路横坡坡度通常为 1.5%～2%，道路纵坡坡度通常为 0.3%～5%。

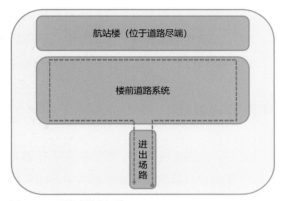

图 2-18　尽端式进出场路

1. 进出场路

进出场路的布置方式决定了航站区陆侧道路的整体形式，根据航站区规模的不同，进出场路通常有三种做法：尽端式、穿越式、组合式。支线机场吞吐量和场区规模较小，一般采用最简单高效的尽端式布局单向循环道路（图 2-18）。

2. 楼前道路

楼前道路是指航站楼前供旅客集散的单向循环道路，是陆侧交通组织的核心，既要组织好接送旅客的车辆流线，避免流线交叉，也要与停车场、蓄车场紧密连接，保证运行效率。

2.3.3.2　陆侧设施车辆简介

大型巴士：包括公交巴士、机场线路巴士、社会巴士、旅游巴士、长途巴士等主要类型，载客人数多，上下客时间较长、停车车位面积大，故对车道边长度有较高的要求。

中型巴士：载客量在 9 人以上、20 人以下，包括小型的旅游巴士、社会租赁中型巴士及酒店接送客的中型巴士等，部分功能与大型巴士重叠，对车道边的要求同大型巴士类似。

出租车：接送旅客进出航站区的重要交通工具，为保证到达旅客乘坐出租车的效率，航站区通常配置专用出租车道和出租车蓄车场。

其他社会车辆：包括私家车和网约车，在机场的陆侧交通中占有很大比例，通常做法是送客至航站楼前，到达接客的社会车辆则进入停车场或地下停车库。

2.3.3.3 车道边设计

车道边通常由一条或多条人行道、人行道边临时停车区及供车辆通行的多条机动车道组成。车道边设计是陆侧道路系统最为核心的设计内容。车道边主要分为出发车道边和到达车道边，出港旅客可以由出发车道边便捷地进入航站楼；到港旅客则在到达车道边等候接客车辆。车道边设计应与航站楼陆侧构型吻合，好的车道边设计可减少旅客步行距离。

车道边设计要点包括：车道边的有效长度；不同车辆的停靠区域；车道数量及车道宽度；人行道、中央隔离带宽度；内外车道边的连接方式；出租车的停靠和发车组织。

1. 车道边的分类

由于每个机场旅客特点不同，车道边的安排均需要根据旅客出行特点进行分析设计。

车道边按旅客流程可分为出发车道边和到达车道边；按车辆类型，可分为出租车车道边、巴士车道边、社会车辆车道边及贵宾车辆车道边；按场地布置可分为内侧车道边、外侧车道边，或者称为第一车道边、第二车道边。

2. 车道边停靠方式

车道边的停靠方式有平行式、斜列式、港湾式及锯齿式等出发车道边多为平行式停靠，即停即走；到达车道边以平行式和斜列式为主，出租车及巴士车道边也常做港湾式和锯齿式，这两种方式不用倒车，上客即走，可提高运行效率，但是占用场地面积较大。

3. 车道边设置

为了效率最大化，车道边多设置为内外两层，以"公交优先、大流量旅客为主"为原则，结合当地交通的实际情况分配车道边资源。按车辆类型，机场线路巴士的出发与到达车道边通常均布置于内侧车道边，方便大量旅客上下车，其余车辆出发布置于外侧车道边；接客的出租车可布置于外侧车道边；社会巴士、社会车辆及网约车的接客多安排在楼前的停车场或固定区域；而贵宾车辆在贵宾区室外有单独的停车场。

4. 车道边长度计算

根据旅客搭乘的不同交通工具，结合各类车辆的停靠时间、载客率、车道边占用长度，可计算各类车型所需车道边长度。使用的公式为：

$$V_i = \sum_{i=1}^{n} P_i \times (\frac{f_i}{N_i} \times \frac{T_i}{3600}) \times C_i$$

式中，V_i——高峰小时车道边需求长度（m）；

P_i——高峰小时旅客流量；

F_i——各车型进场比例；

N_i——各车型载客系数；

T_i——各车型车道边占用时间（s）；

C_i——各车型占用车道边长度（m）。

以上所需的各项数据,结合对大量真实数据的统计,并对各交通工具和旅客行为特点进行分析,可分别使用以下经验性数据。

1）各类车型的车道边占用时间（T_i）：

出发车道边：大型巴士 180s、中型巴士 150s、出租车 60s、小型社会车辆 90s。

到达车道边：大型巴士 360s、出租车 90～120s。

2）各类车型的载客率（N_i）：

大型巴士 28 人 / 车、中型巴士 12 人 / 车、出租车 1.5 人 / 车、小型社会车辆 2.5 人 / 车。

3）各类车型的车道边占用长度（C_i）：

大型巴士 20m、中型巴士 14m、出租车 8m、小型社会车辆 8m。

计算中还应该注意：

① 对于不同机场，应考虑不同的高峰时旅客集中系数，例如，昆明长水国际机场高峰时有 40% 的旅客在 20min 内到达，杭州萧山机场高峰时有 65% 的旅客在 30min 内到达，故 P_i 应根据每个机场的不同情况取值。

② 对于车辆进场比例（F_i），私家车送客车辆入库比例为 10%，送客到航站楼出发层比例可取 90%。

③ 对于到达车道边，由于私家车全部入库停车，只需计算出租车与机场巴士所需车道边长度。

2.3.3.4 车行流线分析

小型支线机场一层半式航站楼陆侧交通多为尽端式的单循环道路，旅客出发与到达均设置在航站楼标高 0m 平面层，旅客流线相对简单清晰。

1. 出发旅客流线

旅客出发流线应快捷高效，出发旅客乘坐的交通工具由进场路直接行驶到航站楼前的出发车道边，旅客下车进入航站楼。当有两条及以上车道边时，公共交通车辆优先停靠内侧车道边（图 2-19）。

2. 到达旅客流线

乘坐出租车离场的到达旅客，需从航站楼行至出租车车道边，出租车从蓄车场行驶至车道边接客离场；乘坐社会车辆离场的到达旅客，需从航站楼行至社会车辆停车场相应的上客车道边乘车离开；乘坐巴士离场的到达旅客，需前往巴士停靠区乘车离开（图 2-20）。

3. 贵宾流线

贵宾厅相对独立，其出入口外独立设置停车区域，贵宾车辆由进出场道路驶入贵宾停车区，并在此上下客。（图 2-21）

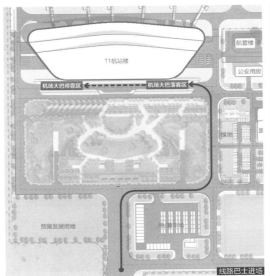

图 2-19　某机场巴士旅客出发流线

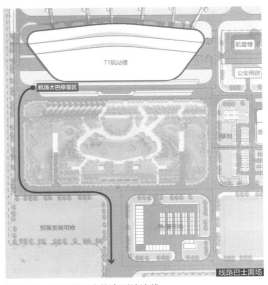

图 2-20　某机场巴士旅客到达流线

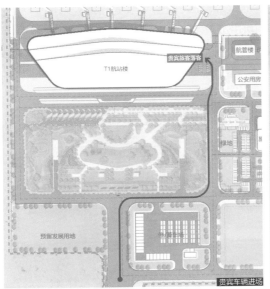

图 2-21　某机场贵宾车辆流线

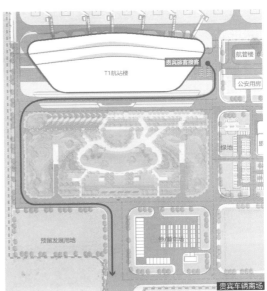

2.3.4 停蓄车场

停车场可供社会车辆短时或长时停车，蓄车场则通常为出租车提供服务，便于对接客车辆的统一管理，提升运营效率。

2.3.4.1 停车场设计

停车场通常分为小型车辆停车区域和巴士停车区域，出于经济性的考虑，通常设置在地上，也可以结合地面景观做地下停车场库。地下车库可以减少部分流线交叉干扰，但造价较高。根据《民用航空运输机场安全保卫设施》（MH/T 7003—2017），航站楼主体建筑周围 50m 范围内不应设置停车场或地下停车库。

社会停车场需根据场地条件和与航站楼的关系，可考虑采用地面停车或地下停车方式，并合理设置车辆出入口的控制闸机位置，以便统一进行缴费管理。

如采用地面停车方式，地上停车场一般设置在进场路与楼前车道边之间。为了提供较好的服务体验，减少旅客至航站楼的步行距离，理论上停车场到航站楼距离越近越好，但由于安全需求，民航规范要求停车场到航站楼距离不得小于 50m。

如采用地下停车方式，地下车库的闸口及收费系统通常设置在车库的出入口坡道（图 2-22），内部车流通常单向循环。地下停车场距离航站楼也不得小于 50m。

设计停车场时，除了须保证内部流线合理顺畅外，还需关注防火分区、疏散楼梯的设置，为提高停车场品质、减少机电投资，通常可设置采光天井与庭院，增加自然采光和通风。

2.3.4.2 蓄车场设计

蓄车场分为公交车蓄车场和出租车蓄车场，设计时主要考虑蓄车场和航站楼的位置关系、布局方式及车辆进出流线。

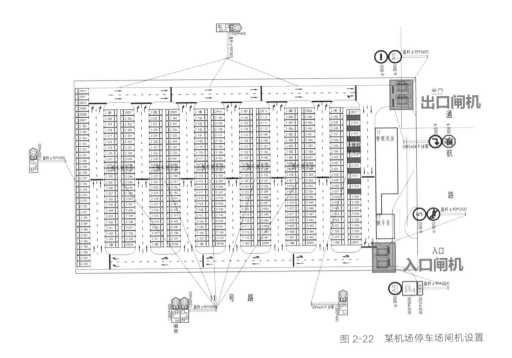

图 2-22 某机场停车场闸机设置

以出租车蓄车场为例，其位置应位于航站楼交通流线上游，与楼前车辆的整体流线一致。根据出租车的放行方式，出租车蓄车场可分为单通道放行式、分组放行式（图 2-23）、停车叫号式。

出租车在蓄车场内的流线关系为：出租车通过进场路进入航站区，到达航站楼前出发车道边下客后，可直接驶离航站区，也可以再经过单循环道路到达出租车蓄车场，等待放行。放行后，快速驶入出租车到达车道边，接客后离场。（图 2-24）

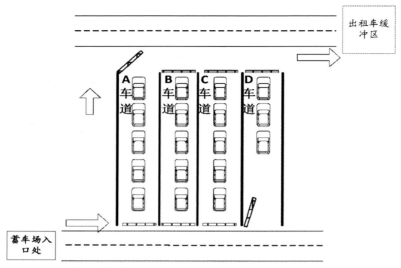

图 2-23　分组放行式出租车蓄车场

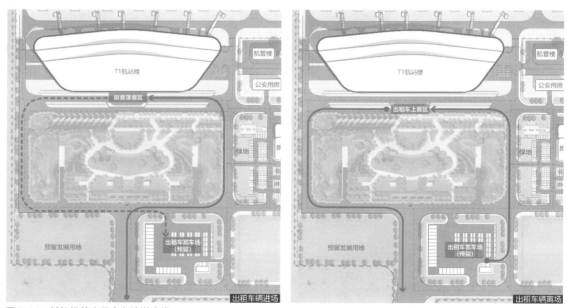

图 2-24　某机场的出租客车接送流线

2.3.4.3 停车位设计

应根据各种车辆的尺寸、机场运营要求及无障碍要求，分类型进行停车位设计。

普通车位：小型机动车位，最小尺寸要求为 2.4m×5.1m，考虑到旅客上下车的舒适性，实际设计中通常会做到 3m×6m，集中设置在停车场或停车库。

无障碍机动车位：应设置在靠近车道边的一侧，车位侧留有不小于 1.2m 宽的轮椅通道，轮椅通道应安全、直接、方便地连接车道边。

过夜车位：在停车场或停车库为需要过夜停车的旅客提供的专用长时停车区域。

巴士车位：中型巴士停车位尺寸约为 3.5m×12m，大型巴士停车位约为 3.5m×16m，通常航站楼前巴士到达车道边会有线路巴士的短时停车位，长时停车则在巴士停车场。

贵宾车位：设置在贵宾出入口附近，供贵宾专用。

3

建筑功能篇

航站楼功能区构成及设计要点

3.1 航站楼构成要素与旅客流程

一层半式航站楼根据流程特点，主要由出发/到达大厅、值机办票区、安检区、候机厅、行李提取厅、行李处理区、贵宾区等功能空间构成。各功能区之间有机连接，彼此协调，结合流程，共同形成完整的航站楼布局，才能满足航站楼的运行使用要求。（图 3-1）

3.1.1 出发/到达大厅

一层半式航站楼的到达功能和出发功能布置于同一空间，出发/到达大厅需实现出发、到达流线与陆侧交通的衔接，并使旅客在出发大厅区完成值机流程。出发/到达大厅的功能布局和空间尺寸会直接影响乘客的第一感受。（图 3-2）

出发大厅主要服务于出发旅客，提供值机办票的功能，主要功能设施包括各类服务问询台、休息座椅区和陆侧零售商业等功能空间。到达大厅主要服务于到港旅客及接机迎客人员，主要功能设施包括到港航班信息牌、接站口、城市交通连接区，以及零售餐饮、旅游租车、酒店住宿、行李寄存等服务设施。（图 3-3）

图 3-1　一层半式航站楼功能布局示意图

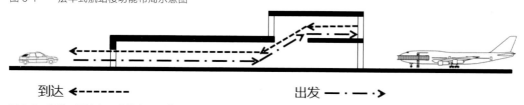

图 3-2　出发/到达大厅功能布局示意图

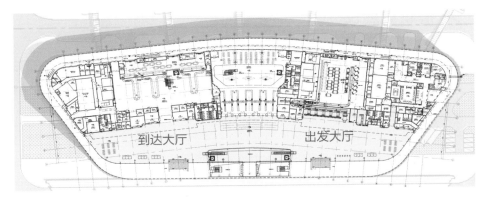

图 3-3　某机场出发大厅、到达大厅示意图

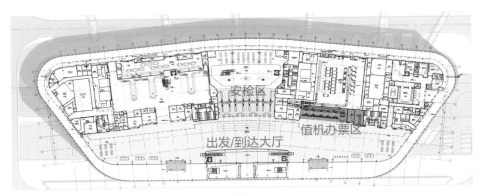

图 3-4　某机场出发 / 到达大厅相关功能区布局示意图

　　支线机场出发 / 到达大厅的尺寸设定以使用人数作为基础依据,根据国际航空运输协会(IATA)服务标准,C 级出发 / 到达厅人均面积标准为 $2.0m^2$,可据此计算出出发 / 到达厅的基本面积。在实际设计中,出发 / 到达大厅空间尺寸的计算还需综合考虑值机办票、安检排队、旅客通行、辅助服务等实际功能模块(图 3-4)对空间的需求,最终结合航站楼构型,确定出发 / 到达大厅面宽和进深。第 3 章的后续各节将逐一深入分析各功能模块的空间基本要求。

3.1.2 值机办票区

　　值机办票区与出发大厅相连（图 3-5），主要功能是为出港旅客办理乘机手续并托运行李，可分为国内、国际及港澳台地区（本书不作重点讨论）、贵宾、专线航班等几个区域，它们可相互连通，也可以相互独立。

　　值机办票区包括值机柜台、超规行李托运处、开包间、行李寄存处、公安办证处等功能空间。

　　值机办票区的空间尺寸由办票柜台和自助值机设备的数量、布置方式及其到办票等候区的距离，以及各配套后勤办公房间的大小决定。

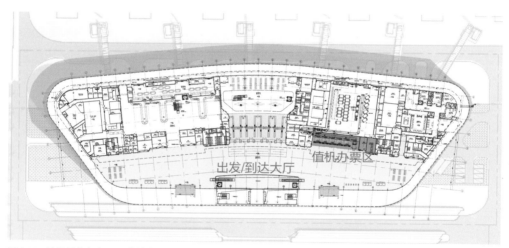

图 3-5　某机场值机办票区功能布局示意图

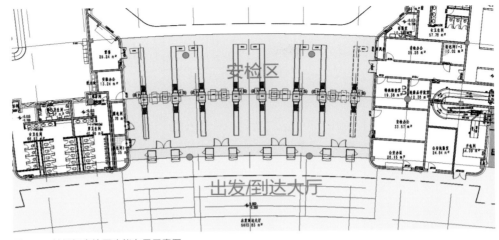

图 3-6 某机场安检区功能布局示意图

3.1.3 安检区

为保证航空安全，出发人员在进入安全控制区域之前，须在安检区（图 3-6）接受人身及随身行李的安全检查。安检区主要功能分区包括安检通道区、安检办公区、特殊检查室、违禁品存放室等。

安检区空间尺寸主要受安检通道数量、宽度和进深，以及安检设备的选型和布置方式影响。通常情况下，一条安检通道的宽度取 4.5 ～ 5.0m。

3.1.4 候机区

候机区是供旅客通过安检之后等候登机并提供相应服务的区域（图 3-7），主要由登机口、候机座椅区、旅客通道、旅客服务、零售商业等组成。

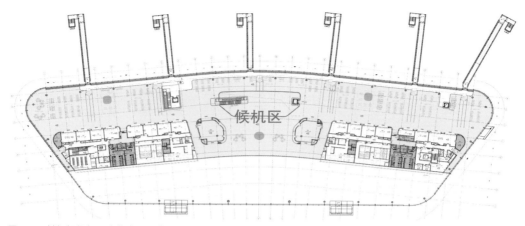

图 3-7　某机场候机区功能布局示意图

候机区空间尺寸的确定以登机口的布局为基本依据，以登机口布局作为空侧展开面，根据 IATA 服务标准中规定的 C 级候机区面积，可计算出候机区的基本面积规模。在实际设计中，送客厅空间尺寸还需综合登机口排队、座椅区、旅客通行区及其他功能服务区的空间需求来计算。

3.1.5　贵宾区

机场提供贵宾服务的区域分为两类：位于陆侧的贵宾厅，以及候机区内的两舱贵宾休息厅。陆侧贵宾厅基本功能分区包括接待中心、贵宾厅、贵宾室、VIP 安检区等（图 3-8）；两舱贵宾休息厅则位于空侧候机区内，为头等舱、商务舱旅客服务，可由航空公司代为管理，也可由机场自持管理。

贵宾厅各功能空间尺寸的设计需在满足合理使用需求的同时保证舒适度，人均使用面积不小于 $4m^2$。

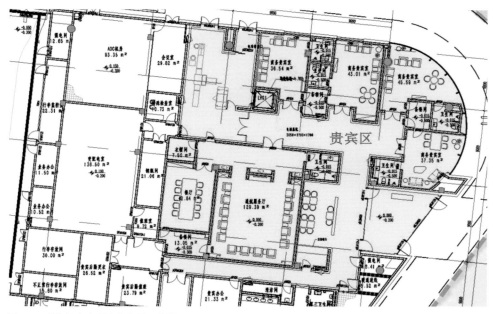

图 3-8　某机场贵宾区功能布局示意图

3.1.6　到达廊道

　　到达流程可采用到发混流模式或分流模式。支线机场航站楼由于面积较小,到达旅客下机后,从登机口至行李提取厅的自动扶梯之间不能形成整体流线,采用到发混流模式会造成候机区内空间混乱,影响旅客正常的候机和登机。因此支线机场航站楼多采用到发分流模式,即通过到达廊道(图 3-9)组织旅客人流至行李提取厅。

　　到达廊道和登机口的布置形式影响着到达廊道的尺寸。到达廊道宽度须结合旅客行为考虑,至少满足 2 股手提行李旅客通行,其中一位旅客正常前进、一位旅客可从旁超越的基本使用要求,一般设为 3.0 ～ 4.0m 宽。

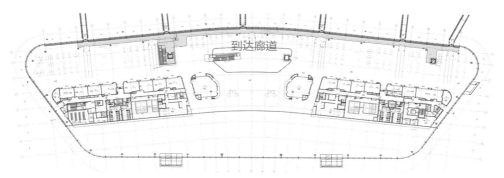

图 3-9　安徽某机场到达廊道功能布局示意图

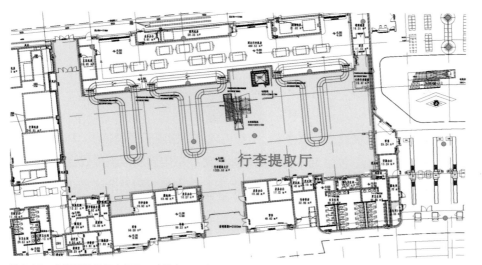

图 3-10　安徽某机场行李提取厅功能布局示意

3.1.7 行李提取厅

因为支线机场的规模限制，到港通廊无法起到分流到港旅客的作用，行李提取厅不仅仅是到港乘客提取托运行李的区域，也成为旅客到达航站楼后第一个长时间停留的空间，对旅客分流具有一定作用。行李提取厅包括行李提取转盘、大件行李提取处、行李查询处、卫生间等基本功能空间。（图 3-10）

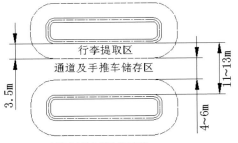

图 3-11　某机场行李提取厅布局

行李提取厅的空间尺寸主要由行李转盘的数量以及布置形式决定，还需考虑旅客使用空间。行李转盘数量可通过高峰小时飞机的降落架次推算，通常考虑 1 组转盘 1h 可供 3 架 C 类飞机，或 2 架 D 类飞机，或 1 架 E 类飞机的旅客提取行李。对于一层半式支线机场航站楼（年旅客吞吐量通常小于 200 万人次），以服务 6 架 C 类飞机为基准，可考虑设置 1 ～ 2 组到港行李转盘。

为满足旅客使用要求，行李转盘间距可控制为 11 ～ 13m，其中包括转盘周围 3.5m 宽的检索区域，以及两个转盘之间 4 ～ 6m 宽的旅客通行空间。（图 3-11）

3.1.8 行李处理区

行李处理区分为出港行李处理区和到港行李处理区。出港行李处理工作较为复杂，包括对旅客托运行李进行称重、安全检查、输送、分拣、监控等，大致可分为行李安检、行李收集传输、行李分拣及行李装运等环节。到港行李处理工作主要包含行李分拣、输送及行李不正常运输的处理。行李处理方式一般采取人工分拣或综合分拣。

行李处理机房平面布局取决于行李处理系统、行李装卸、行李拖车等的综合布置（图 3-12）。行李处理机房高度主要取决于行李处理系统布置方案，后者应与航站楼建筑设计同步进行。

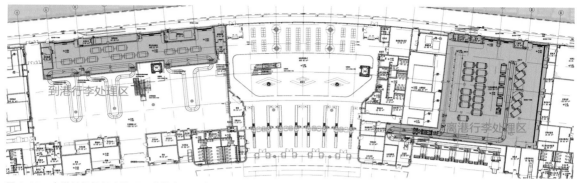

图 3-12　安徽某机场行李处理区功能布局示意图

行李装卸设备（转盘、滑槽、输送机）的布置方式和大小都会影响行李处理机房的空间尺寸。同时，是否考虑行李机房内的车行流线，也是行李处理区空间设计的一个重要影响因素。

3.1.9　航站楼流程梳理

3.1.9.1　国内旅客流程

1. 国内出发流程

近机位登机：出发车道边→出发大厅（购买机票、保险）→办票（办理登机手续、托运行李安全检查）→安全检查（人身及随身行李检查）→经由自动扶梯上至近机位登机口→到达二层候机厅→检查登机牌→廊桥登机。

远机位登机：出发车道边→出发大厅（购买机票、保险）→办票（办理登机手续、托运行李安全检查）→安全检查（人身及随身行李检查）→到达远机位候机厅→检查登机牌→远机位登机口登机。（图 3-13）

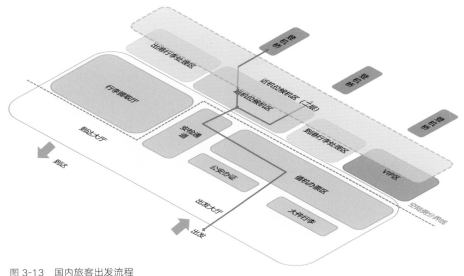

图 3-13　国内旅客出发流程

2. 国内到达流程

近机位到达：下飞机→到达廊道→至行李提取厅提取行李→检查行李牌→到达大厅→到达车道边。

远机位到达：下飞机→至行李提取厅提取行李→检查行李牌→到达大厅→到达车道边。（图 3-14）

3. 国内旅客中转、经停流程

联程中转／经停：下飞机→到达廊道→工作人员查验→到达二层候机厅→检查登机牌→廊桥登机。（图 3-15）

非联程中转：下飞机→到达廊道→至行李提取厅提取行李→检查行李牌→到达大厅→出发大厅（购票、保险）→办票（办理登机手续、托运行李安全检查）→安全检查（人身及随身行李）→经由自动扶梯上至近机位登机口→到达二层候机厅→检查登机牌→廊桥登机。（图 3-16）

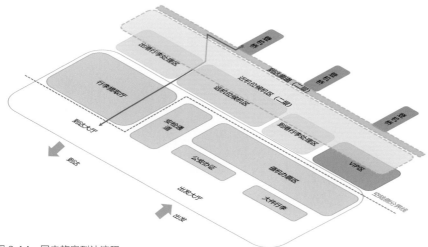

图 3-14　国内旅客到达流程

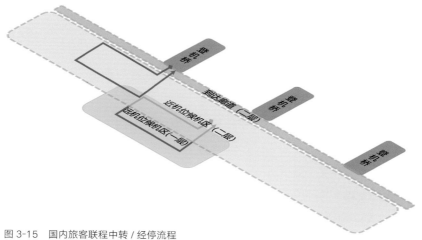

图 3-15　国内旅客联程中转 / 经停流程

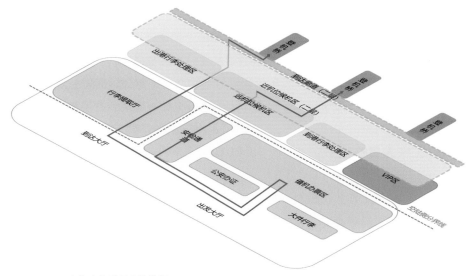

图 3-16　国内旅客非联程中转流程

3.1.9.2　国际旅客流程

一层半式支线机场航站楼虽规模较小，但也存在开发国际航线或改造升级成为国际机场的潜在需求。因此，在支线机场航站楼设计中考虑国际旅客流程很有必要。

1. 国际出发流程

近机位登机：出发车道边→出发大厅办票→海关→安检→边防验证→空侧集中商业区→候机区→通过廊桥登机。

远机位登机：出发车道边→出发大厅办票→海关→安检→边防验证→空侧集中商业区→经由自动扶梯至远机位候机区→乘坐摆渡车登机。

2. 国际到达流程

近机位到达：廊桥→国际到达通道→海关（检验检疫）→（落地签证厅）→边防验证→行李提取厅→海关→检查行李牌→到达大厅→到达车道边。

远机位到达：乘摆渡车至远机位到达口→国际到达通道→海关（检验检疫）→（落地签证厅）→边防验证→行李提取厅→海关→检查行李牌→到达大厅→到达车道边。

3.1.9.3 工作人员流程

机组工作人员流线：在支线机场航站楼的正常运营中，出发机组工作人员与旅客流线一致，常利用主流线中的工作人员通道或兼用贵宾通道通行；需进入后勤区的工作人员可从专用的员工通道通行，也可从出发通道经过内区门禁进入后勤区域。

机场工作人员流线：机场工作人员的办公区主要分为陆侧办公区及空侧办公区两部分，常利用主流线中的工作人员通道或兼用航站楼内货运通道通行。

3.1.9.4 航站楼货物流程

1. 航站楼内专用货物流线

航站楼内专用货物流线常与垃圾清运流线一起考虑，平时可考虑通过非航时段管理控制，在早晚非航时段,安排安检人员配合货物安检及垃圾运输使用;在航站楼正常工作时间内不单独使用。（图 3-17）

2. 航站楼内合用货物流线

如果航站楼旅客吞吐量较小、面积较小、工艺流程较简单，则可将货物流线与工作人员安检通道合并设置于旅客安检通道区域（其中一条为工作人员 / 返流人员专用通道），通过时间段管理，控制货物通过航站楼安检设备的时间。

图 3-17　安徽某机场航站楼内专用货物 / 垃圾流线示意

3.2　航站楼迎送区域设计要点

3.2.1　门斗区域尺度设置

3.2.1.1　入口预安检区设置

　　旅客及随身行李从车道边及其他陆侧交通系统进入陆侧区域前，均须进行安检，以保证陆侧区域的安全。自 2020 年起，随着新冠肺炎疫情蔓延所带来的警示以及未来预防全球流行传染病的需求，在满足基本交通需求的前提下，如何合理规划车道边缓冲区域、根据人体尺度合理布置预安检流线显得尤为重要。

　　航站楼入口前是人流密集场所（图 3-18），车道边与航站楼陆侧区域间的缓冲区域均需纳入入口区域流线规划。合理规划车道边缓冲区域，即可在此处灵活组织临时检查、体温检测等工作。车道边缓冲区配合雨篷等设施的设置，可以有秩序地组织人流，纾解进入航站楼陆侧区域的人流量压力。

　　考虑到预防流行传染病的需要，预安检区旅客排队时宜保持 1m 间距，同时保证单位旅客 1.2m×1.2m 的活动空间。若考虑三口之家使用的空间需求，应至少提供 2.4m 的活动宽度；若考虑两股人流的使用需求，应至少提供 3.0m 的活动宽度。（图 3-19）

图 3-18　上海虹桥国际机场 T1 航站楼车道边、缓冲区域、航站楼陆侧区域关系图

图 3-19　预安检区旅客活动空间尺度示意图（单位：mm）

3.2.1.2　入口防爆检查区

防爆检查通过试纸收集行李箱、背包的样本信息，检测试纸中是否收集到爆炸物颗粒（硝酸根离子），判断是否有爆炸危险。为保证该环节的经济性，往往一次会检查多位旅客。待检查旅客与等待测试结果的旅客会有短暂的停留。

防爆检查可在出发/到达大厅内划定区域进行，需要用软隔断的方式划出特定的区域进行检查，确认结果后即可放行；也可在航站楼入口门斗区域内进行。在设计时应该以旅客人体尺度为设计依据，预留合适的人流活动宽度。

3.2.2　出发、到达大厅平面尺度设计

出发大厅、到达大厅的平面尺度均与使用人数密切相关。二者的使用人数的计算方法分别为：

出发大厅使用人数 =[国内出港高峰小时人数 ×（国内集中系数 + 国内迎送比）+ 国际出港高峰小时人数 ×（国际集中系数 + 国际迎送比）]×0.5+ 核定工作人员人数

到达大厅使用人数 = 国内进港高峰小时人数 + 核定工作人员人数 = （国内进港高峰小时人数 × 国内集中系数 + 国际进港高峰小时人数 × 国际集中系数）/6 + 国内进港高峰小时人数 × 国内迎送比 + 国际进港高峰小时人数 × 国际迎送比 + 核定工作人员人数

使用人数决定了出发大厅和到达大厅的设计面积，也影响疏散宽度取值和疏散门数量，但出发大厅和到达大厅往往还承接其他区域的疏散人流，因此出发大厅和到达大厅内实际设计的疏散门数量会在计算结果基础上有所浮动。表 3-1 展示了不同规模航站楼出发 / 到达大厅的面积以及疏散宽度。

表 3-1　不同规模航站楼出发 / 到达大厅疏散门数量统计表

年旅客吞吐量（万人次）	人均使用面积（m²）	高峰小时使用人数	使用面积（m²）	疏散宽度（m）	疏散门数量（以 1.4m 宽疏散门为例）
50	2.0（IATA 规定的 C 级航站楼服务标准）	262	524	≥ 2.8	2
100		523	1046	≥ 5.6	4
150		785	1570	≥ 8.2	6
200		1046	2092	≥ 11	8

通过对国内外年旅客吞吐量 200 万人次上下的航站楼的平面尺度进行研究，笔者发现航站楼出发大厅实际面积与容量计算值[①]相近。航站楼的出发大厅建筑面积占航站楼总建筑面积的比例基本在 10% ～ 17% 之间（表 3-2）；到达大厅建筑面积占航站楼总建筑面积的比例基本在 4% ～ 9% 之间（表 3-3）。

---

① 此处容量计算值指的是使用人数的计算值与人均使用面积的乘积。

表 3-2　部分国内外航站楼内出发大厅面积比例

航站楼所在机场名称	年旅客吞吐量（万人次）	航站楼面积（m²）	面宽（m）	进深（m）	出发大厅面积（m²）	面宽/进深	出发大厅面积比例
神农架机场	2	2829.55	34.3	12.8	439.04	2：1	15.5%
格鲁吉亚新机场	暂无数据	4657.84	40	10	400	4：1	8.6%
西藏定日机场	25	6612	55	13	715	4：1	10.8%
上饶三清山机场	50.01	9774.1	96.5	17	1640.5	5：1	16.8%
岳阳三荷机场	81.1	6168.1	40	18	720	2：1	11.7%
沧源佤山机场	100	10 712.9	80.9	17.3	1399.57	4：1	13.1%
新西兰纳尔逊机场	120	6304.48	54	17.2	928.8	3：1	14.7%
澜沧景迈机场	135	11 774.86	72.2	16.9	120.18	4：1	10.4%
呼伦贝尔海拉尔机场	255.84	14 746.84	115.5	21	2425.5	5：1	16.4%

表 3-3　部分国内外航站楼内到达大厅面积一览

航站楼所在机场名称	年旅客吞吐量（万人次）	航站楼面积（m²）	面宽	进深	到达大厅面积（m²）	面宽 / 进深	到达大厅面积比例
神农架机场	2	2829.55	12.3	10.6	130.38	1：1	4.6%
格鲁吉亚新机场	暂无数据	4657.84	20	12	240	1：1	5.2%
西藏自治区某机场	25	6612	39.7	13	516.1	3：1	7.8%
上饶三清山机场	50.01	9774.1	27.7	17	470.9	1：1	4.8%
岳阳三荷机场	81.1	6168.1	30	18	540	1：1	8.8%
沧源佤山机场	100	10 712.9	44.9	17.3	776.77	2：1	7.3%
新西兰纳尔逊机场	120	6304.48	25.2	17.2	433.44	1：1	6.9%
澜沧景迈机场	135	11 774.86	72.2	13	938.6	5：1	8.0%
呼伦贝尔海拉尔机场	255.84	14 746.84	42	21	882	2：1	6.0%

3.3　航站楼值机办票区设计要点

3.3.1　值机办票区的空间布局

　　值机办票区是大部分旅客进入航站楼后接触的第一个功能空间，因此，对其空间尺度的把握显得尤为重要。作为航站楼内第一个功能空间节点，办票区域承载的使用功能不仅是票务办理，也涵盖旅客的分类、乘机资格判别等。在有疫情防控的临时需求时，值机区具有办理流程时间长、高峰时段人员集中度较高的特点。

　　值机办票区靠近空侧的位置为出港行李处理机房。值机办票区的位置选择与出港行李处理机房的位置息息相关，不同旅客吞吐量的航站楼会选择不同的做法。

3.3.1.1　集中设置行李处理机房

　　旅客吞吐量较小的航站楼多选择此类行李机房布置方式。这种方式将出港行李机房与到港行李机房尽量连接，在到港行李机房的车行方向后为出港行李机房，从流程上两者连续，从管理上也可尽量减少行李机房的工作人员，有利于航站楼的有序运营。（图 3-20）

　　另外，由于支线机场航站楼整体体量通常较小，值机办票设备数量有限，如采用此类布置方式，从航站楼一侧主入口到值机办票中轴线的距离较近，不会形成大量的穿越人流。自助办票旅客可不经过值机办票区域，直接进入安检区域。

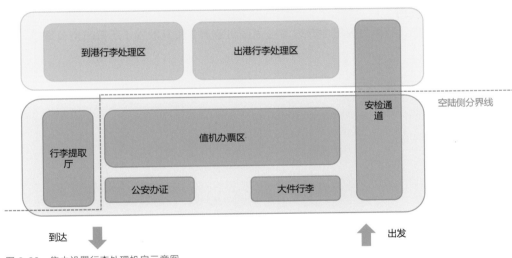

图 3-20　集中设置行李处理机房示意图

3.3.1.2 分散设置行李处理机房

旅客吞吐量较大或与地下交通系统连通的支线机场航站楼，可选择此方式布置行李处理机房。在这种方式中，出港行李处理机房与到港行李处理机房被安检通道及远机位候机厅分隔为独立的两个区域，在到港行李处理机房的车行方向后为出港行李处理机房，从流程上两者连续，但需要两组行李处理机房工作人员。（图 3-21）

3.3.2 值机办票区流程及构成要素

3.3.2.1 值机办票流程

机场值机办票流程如图 3-22 所示。传统的值机地点一般在值机岛的办理柜台。值机方式分为非开放式（各航空公司柜台仅集中办理本公司值机业务）和开放式（所有航空公司统一办票）。

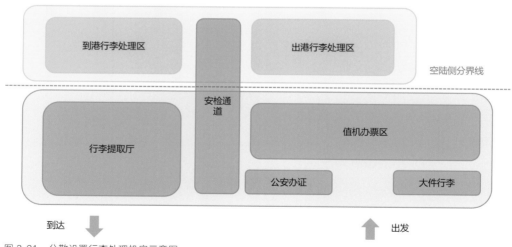

图 3-21　分散设置行李处理机房示意图

目前国内大多数机场都采用了非开放式值机方式,这便导致不同值机柜台之间压力不均衡的现象,于是开放式的自助值机设备应运而生。

值机的旅客可分为两种:有托运行李旅客和无托运行李旅客。对于无托运行李的旅客,大多数机场已经采用自助值机设备来缓解传统值机柜台的压力;而对于有托运行李的旅客,也可使用逐渐普及的开放式自助行李托运系统,实现真正的自助值机。

此外,线上值机的新型值机模式也应尽快得到普及,即旅客事先通过互联网完成线上值机手续的办理,并自行打印电子登机牌,到达航站楼后,直接凭登机牌或身份证等有效证件扫描进入安检区。这种便捷的值机方式既可节省以往值机排队的等候与操作时间,避免登机牌的遗失,又符合无纸化操作的绿色设计理念,是未来简化值机方式的途径之一。

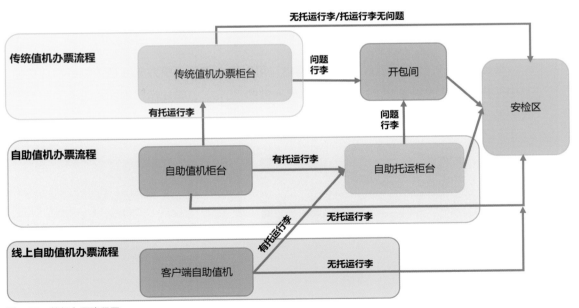

图 3-22 值机办票流程图

3.3.2.2 值机办票设备数量

　　根据航站楼内功能布置的要求，值机柜台最少为 6 个，其中含 2 两个传统值机柜台（图 3-23 ）、2 个自助柜台（为响应中国民航建设"四型机场"需求而设）（图 3-24 ）、1 个高舱位柜台，以及 1 个值班主任柜台（可兼作无障碍柜台）。一层半式支线机场航站楼年旅客量较少（年旅客吞吐量不超过 200 万人次），且往往航班集中率较高，因此设计中值机柜台的布置数量常用如下方法计算：

　　传统值机柜台数量（含自助托运柜台）= 高峰小时旅客量 × 集中率 ×50%（进出比例）× 值机速度 /3600

　　自助值机柜台数 = 高峰小时旅客量 × 集中率 ×50%（进出比例）× 值机速度 /3600

　　其中，传统值机办票均为人工流程，值机与行李托运在同一柜台区域办理。商务舱、头等舱及无障碍旅客只需考虑传统柜台值机办票。中小型支线机场自助办票率不高，且旅客的乘机经验通常不足，根据 IATA 的发布的《机场开发参考手册》（*Airport Development Reference Manual* ）数据分析统计，经济舱的旅客中，30% 为自助办票，5% 为网络办票，其余 65% 均为传统值机办票（含传统行李托运）。

　　根据 IATA 对传统值机人数的数量预估，可以得出自助值机办票数量约为旅客总量的 35%，其中无托运行李的约占 25%（即自助值机人数的 70%），需托运行李的约占 10%（即自助值机人数的 30%）。

图 3-23　上海虹桥国际机场 T2 航站楼的传统值机办票柜台

图 3-24　上海虹桥国际机场 T2 航站楼的自助值机办票设备

一层半式支线机场航站楼年旅客吞吐量通常不超过 200 万人次。本书根据机场实际设置的柜台数量，反推能满足的旅客吞吐量，可分别得到如表 3-4、表 3-5 的取值（柜台通常成组分布，2 个柜台为一组，因此表中数据均为取整后结果）。

表 3-4　不同规模航站楼的值机柜台个数计算值和建议取值

年旅客吞吐量（万人次）	高舱位 / 无障碍柜台	传统托运柜台	自助托运柜台	合计柜台数
≤ 95	2（一组）	2	2（一组）	6（最小柜台数）
100 ～ 130	2（一组）	4	2（一组）	8（计算值为 6.13 ～ 7.97）
135 ～ 160	2（一组）	6	2（一组）	10（计算值为 8.28 ～ 9.81）
165 ～ 195	2（一组）	8	2（一组）	12（计算值为 10.12 ～ 11.96）
200 ～ 225	2（一组）	10	2（一组）	14（计算值为 12.26 ～ 13.80）

注：① 因各设计单位计算方法不同，因此计算结果会有一定误差。
　　② "合计柜台数" 不含贵宾区独立值机设备数（如有）。

表 3-5　不同规模航站楼自助值机柜台数

年旅客吞吐量（万人次）	自助值机柜台数	年旅客吞吐量（万人次）	自助值机柜台数
≤ 50	2	140 ～ 160	6
55 ～ 80	3	165 ～ 190	7
85 ～ 150	4	195 ～ 215	8
110 ～ 135	5		

3.3.2.3 值机办票设备空间布置

传统值机托运设备以 2 个柜台、1 部双通道行李安检机、2 条行李输送带为一组，自助托运设备以 2 个柜台、1 部自助双通道行李安检机、2 条行李输送带为一组。在航站楼设计中，除大件行李托运设备外，值机办票区内设备常成组布置，无障碍办票柜台考虑放置于整体柜台办票区靠近安检入口的一侧。

一层半式支线机场航站楼年旅客量较少，因此值机办票柜台数目不会超过 8 组（约 16 个柜台），其中一半的柜台（约 4 组），根据 9m 或 10.5m 的柱跨进行排列，柜台所在区域进深需在柱径基础上再增加至少 8500mm。值机柜台排布方式示意如图 3-25 所示。

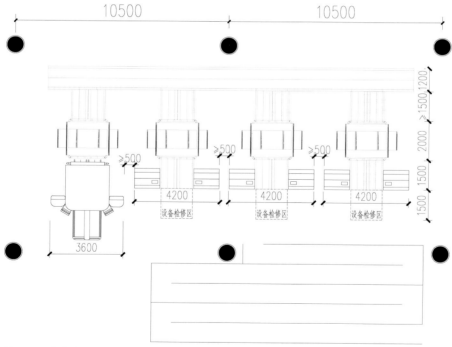

图 3-25　传统值机柜台布置示意图（含排队空间及 1m 线，单位：mm）

图 3-26　上海虹桥国际机场 T2 航站楼的自助托运行李模块　　　　图 3-27　西藏自治区某机场一体化自助托运行李设备

　　自助行李托运设备为响应建设"四型机场"要求而设置，目前主要分为两大类：由原有传统托运设备改造的自助托运设备，以及自助托运一体化设备。

　　由传统设备托运改造：机场的改造升级过程中，可在航站楼内原有值机设备上增加自助托运模块，以实现自助托运功能（图 3-26），此方式可较快捷地增加航站楼内自助托运设备量，以满足旅客对于短途出行的要求。

　　自助托运一体化设备：新建机场通常选择成品自助托运设备（图 3-27），其优点在于高度集成化，不易出现问题，且设备前端距离地面不超过 150mm，方便将托运行李抬至行李皮带上，能大大提高旅客托运行李的便捷性。

　　除上述两种设备之外，还有大件行李托运设备，主要为超规行李的特殊安检而设置，一般设置于航站楼值机办票区一侧，可与行李处理机房直接连通。

3.3.3　办票等候区设计要点

　　办票等候区为设置在航站楼值机办票区前的功能空间，其设计主要需考虑旅客办票排队方式以及其他相关服务功能的需求。

3.3.3.1 旅客办票排队方式

办票等候区会设置 1m 线作为排队的分隔线，1m 线内为柜台前的办票区，1m 线外为由软隔断设置的排队等候区。排队方式主要分为集中排队和柜台排队两种形式。

集中排队：所有需柜台办票的旅客先统一排队，而后分散到各个柜台办票，适合旅客吞吐量较大的机场，办票大厅进深较浅或航班集中率较高时可采用此方式。在布置软隔断时需考虑隔断间距及深度，在此基础上计算排队长度。（图 3-28）

柜台排队：需办票旅客直接在相应柜台前排队。在支线机场航站楼进深较深时，通常采用柜台排队的形式，但这种方式较为不经济。每个柜台的排队长度一般不应小于 15m，并使用软隔断在大厅地面上作纵向分隔。

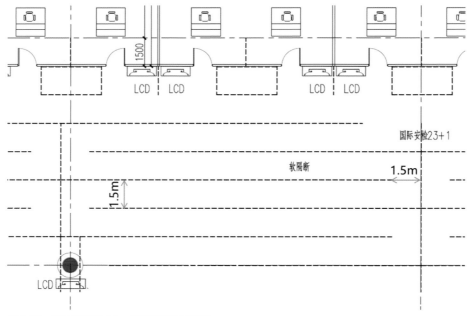

图 3-28 排队等候区 1.5m 宽软隔断布局示意

3.3.3.2 其他功能

办票等候区能提供的其他功能还包括身份辨认、公安票证办理及托运行李开包检查这几项核心业务服务。

1. 公安票证办理

航站楼内的公安办证处主要是为无证件旅客办理身份证明，虽民航局已推出临时办证手机小程序，但考虑到办理的便捷性与旅客的多样性，还是需要设置开放的人工办证柜台（长度不小于2m）。小型机场内的公安办证区可与公安执勤室合并。（图 3-29）

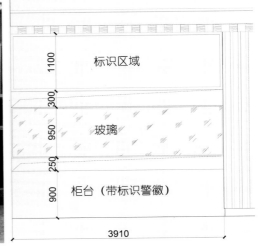

图 3-29　公安办证处隔断做法示意（单位：mm）

2. 行李开包检查

不符合规定的托运行李须在行李开包间内进行开包检查。行李开包间内通常设置有开包台、安检机、防爆罐等设备。有两种具体的开包检查方式：离线开包、岛尾开包。

离线开包：行李托运柜台或托运设备均具有 X 射线检查功能，不合规范的托运行李在办票柜台即可被检查出来，随后旅客将行李提至开包间进行开包检查，检查后将行李拎回原办票柜台进行托运二次检查。适用于航班及旅客较少的机场。（图 3-30）

岛尾开包：适用于行李托运柜台 / 设备不具备 X 射线检查功能的情况，托运行李在进入开包间前，先通过分流器分流，再经 X 射线检查，旅客需在办票柜台等候至行李确认合规后方可离开。如有问题，需旅客进入开包间检查自己的行李，检查无问题后，在开包间内继续托运流程而无需回到办票柜台处。此种方法适用于航班及旅客较多、对托运行李检查较严格的机场（常见于边境机场），此类开包间所需面积也相对较大，但只需 2 台 X 射线机即可满足使用要求，即一台配备在行李皮带上，另外一台 X 射线机可放置于开包间内。（图 3-31）

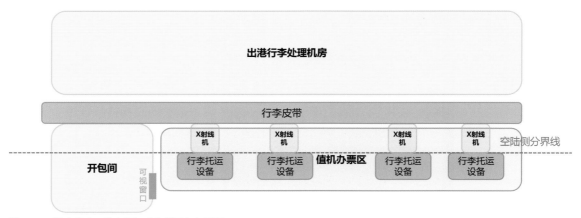

图 3-30　独立检查、集中开包（离线开包）示意

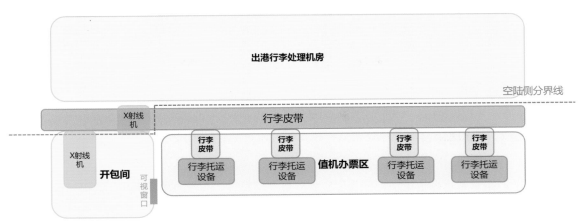

图 3-31　集中检查、集中开包（岛尾开包）示意

3.4　安检 / 联检区域设计要点

3.4.1　不同类型安检通道设计要点

安检属于航站区流程中重要的一环，也是区分空侧及陆侧流程的重要节点，因此安检通道的设置在航站楼空防建设中具有重要地位。通常，航站楼安检通道分为以下四类：

旅客安检通道：通常设置于航站楼内较明显的位置，是出港旅客必经的功能节点。为节省旅客的时间，旅客安检通道可将出发大厅及候机区连通，使在网上值机办票的无行李旅客到达航站楼后，可直接开始安检流程准备候机。

两舱贵宾安检通道：可设置于旅客候机安检通道一侧，与经济舱旅客安检通道并列，便于统一管理及运行。如航站楼内设置独立对外的贵宾候机区，则需于航站楼贵宾候机区内额外设置一条贵宾候机安检通道，并单独配备相关工作人员及安检设备设施。

返流 / 员工通道：在航班集中率高的机场，返流 / 员工通道可独立设置于旅客候机安检通道一侧，与经济舱旅客安检通道并列。如机场内航班集中率较低，则可采取与现有安检通道合并设置的方式，通过分时段使用的人为管理手段达到分流的目的。

货运通道：可与员工通道合并使用，如航站楼内商业设施较多，则建议独立设置，可采用落地式大件 X 射线安检机，便于货物的运输及垃圾的清运。如航站楼规模较小，商业货物运输布置及垃圾清运可规定在集中时段统一进行，也可不设置货运通道，安排货物运输与垃圾清运从航站区道口处进出空侧。

3.4.1.1 旅客安检通道设计要点

旅客安检通道位于航站楼大厅中十分重要的位置。无论大型还是小型航站楼，安检通道的布置位置都可以决定其整体的空间排布。随着时代的发展，为了保障航空飞行的安全性，旅客安检设备的更新也成为决定旅客安检通道尺寸的重要因素。

旅客安检通道主要由排队验证口、安检排队区和安检通道三个主要部分组成（图 3-32），其中行李及旅客安检设备的位置决定了航站楼内空侧及陆侧区域的划分，同时，此区域也是旅客在候机流程中停留时间最长的功能空间之一。除排队区外，一条旅客安检通道的宽度建议不小于5m，如通道内柱径较大，建议增大面宽；同时，根据安检设备的选型不同，安检通道的进深一般在 15 ～ 20m 之间，进深过小会导致满足不了安检设备长度的需求，造成端部的人员拥堵。

1. 排队验证口

旅客在值机办票区办理值机及托运后、进入安检排队区前，须在此处检查验证机票及随身行李情况，以免出现无机票旅客误排队及超规格行李未办理托运等增加安检时长的因素。机票验证及超规格手提行李查验均可由人工或自助设备（常见于大型机场）进行，未通过查验的旅客不得进入安检排队区。

2. 安检排队区

安检排队方式可分为集中排队（图 3-32）与分散式排队（在每条安检通道前分别排队）（图3-33）两种。集中排队可用于航班集中率较高的航站楼，有利于提升即时工作效率；分散式排队

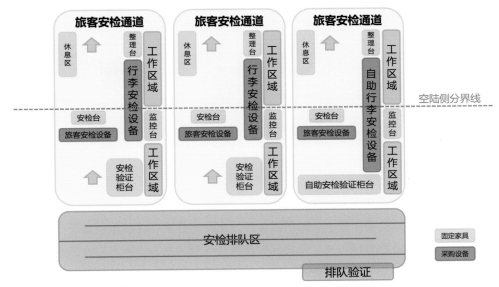

图 3-32　旅客安检通道构成

常用于中小型机场，排队长度应控制在 15 ～ 20m，如超出此长度，航站楼内的安检效率会大大降低。

在安检排队区端部，会有明显的标识或刷屏机，用于提示严禁旅客带上飞机的物品类型，同时提供方便乘客丢弃违禁物品的垃圾箱。

3. 验证柜台

旅客／手提行李安检流程的第一步，就是在验证柜台进行客票及人脸信息验证，需出示乘客有效的身份证件（或公安机关出具的有效身份证明）对乘机人的身份及乘机信息进行核实验证。验证柜台分为传统人工及自助两种。

图 3-33　上海虹桥国际机场 T2 航站楼的旅客安检排队区及
排队验证工作人员

图 3-34　上海虹桥国际机场 T2 航站楼的安检区及安检工作
人员

4. 行李 / 旅客安检区

为了保证空中安全，对于能够带入客舱的行李，民航局有着严格的各项规定。旅客及旅客带入飞机客舱的手提行李，须在此区域接受详尽的检查，根据安检设备的不同，安检的时间及步骤会有些许不同。旅客吞吐量越大、航班集中率越高的机场，设备越先进，检查的准确度越高，需要人工复检的比例越低，安检的效率可以得到较大的提升。（图 3-34）

5. 行李整理区和旅客休息区

安检机后的物品整理台是为行李整理而准备的，手提行李通过安检机后可以直接传送至此区域。整理台附近均须设有防爆罐（可两组安检通道合用一个），以免手提行李中有易燃易爆炸物品，危害行李通道内正常旅客及工作人员的安全。同时仍应设置废弃物垃圾桶，如遇不符合乘机需求的物品，可在征得旅客同意后由工作人员处理。

安检通道后设置有休息座椅，供旅客在安检后整理自身衣着及随身物品等。

3.4.1.2　返流 / 员工通道设计要点

员工分为机场员工、租赁区派遣员工以及航空公司员工等类别。执行飞行任务的机组人员及其随身行李物品的检查区域通常设置于主安检通道，可与空侧候机区返流人员共用同一安检通道。对于员工安检通道的设计，要考虑两个要点。

1. 身份验证

首先需查验工作人员的机场控制区通行证件或由民航行政机关颁发的通行证。工作人员的身份验证要求与旅客类似，需进行人脸识别及摄像头取像。

2. 随身物品验证

因工作需要进入候机隔离区的员工及其随身物品、商品、工具、小件物料或者器材均需通过行李安检机,如有超规设备设施等,则建议通过飞行区道口或货运站安检后进入航站楼内空侧区域。

3.4.1.3 货运通道设计要点

支线机场一层半式航站楼的货运通道可与其他安检通道合并设置，当航站楼面积小于 2 万 m² 且可租赁商业空间面积较大时，建议与员工安检通道合并设置、错峰使用，大件货物可通过道口或货运站的货运流线进行运输。当航站楼面积大于 2 万 m² 时，货运通道可独立设置，并建议与担架电梯（或消防电梯）合并使用，以提高航站楼内货物运输及垃圾清理效率。

3.4.2 旅客安检通道设备选型

旅客安检通道设备能为旅客的财产及生命安全提供强而有力的保障，其正常运行是保障航空安全的一个重要前提，其使用效率也对航站楼功能流程的整体效率有决定性影响，因此，航站楼内安检区的设施设备更新换代较为频繁，不同的机场所选择的设备也有不同。图 3-35 展示了上海浦东国际机场旅客安检通道的设备布置方式。

3.4.2.1 安检验证柜台

陆侧旅客登机前最关键的一步，就是在安检验证柜台核对机票及乘机人信息，整个流程与民航弱电及公安系统相互关联,可以对乘机旅客进行筛查。安检验证柜台主要分为传统安检验证柜台、

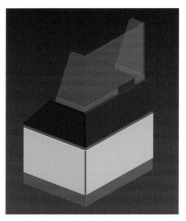

图 3-35　上海浦东国际机场 T2 航站楼的旅客安检通道设备布置一览　　　　　　　图 3-36　人工安检验证柜台

自助安检验证柜台两种。

1. 传统安检验证柜台

此类安检柜台为航站楼内固定家具，内置民航弱电接口，需满足摄像头与人工同时识别乘客身份信息的要求，每条安检通道均需设置 1 个验证柜台，并配备工作人员 1 名。2020 年起，根据全球疫情常态化防控的要求，旅客人身安检通道验证柜台均需设置防护隔离屏（图 3-36）。贵宾厅专用安检通道为提高服务品质及效率，大部分均选用传统安检验证柜台。

2. 自助安检验证柜台

为满足国家对于智慧机场建设的要求，同时为提高安检验证的可靠度，现国内大部分航站楼均提倡采用全自助式的机场流程，自助安检验证柜台应运而生，乘客仅需手持二代身份证即能体验自助安检验证顺畅便捷的服务（图 3-37）。但并非所有旅客都能自行顺畅地进行自助安检验证，因此自助安检验证柜台旁同时需要设置人工验证窗口，以便满足不同旅客的需求。

图 3-37　某航站楼的自助安检验证柜台

3.4.2.2 安检设备选用

　　旅客安检分为行李检查及旅客人身检查两部分，其中行李检查主要排查民航局禁止携带上飞机的违禁物品，旅客检查主要排查旅客随身携带的违禁物品（主要为金属物品）。

1. 行李检查设备

　　从工作原理出发进行分类，行李安检设备主要分为 X 射线机与 CT 机两种类别；以安检筐的运行方式进行分类，可分为传统人工分拣式及带回筐系统式两类。每台行李安检设备旁需要 3 名工作人员，包括 1 名行李安检准备人员、1 名行李判读员以及 1 名行李开包人员。

　　无论使用哪种行李检查设备，行李物品的安全与否，主要还是依靠判读员对于包内行李物品种类及大小根据民航局的规定进行判读，将（可能）不合规的随身行李物品进行二次检查。

　　X 射线安检设备: 是国内使用最多、范围最广的航站楼行李安检设备,本身尺寸较小,成本较低,是行李安检设备中较为成熟的产品。X 射线安检设备的工作原理为投影拍摄，即行李内物品被拍摄成重叠的二维图像，需在安检前拿出元件较为复杂的电子产品，以减轻判读压力。大型机场对于安检判读员的水平要求较高。（图 3-38）

　　带回筐系统的安检设备：CT 机与 X 射线机均可选用带空筐回收系统的设备。空筐回收系统

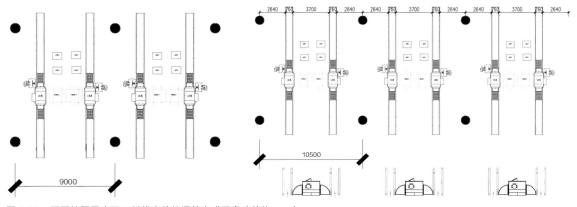

图 3-38　不同柱网尺度下 X 射线安检机摆放方式示意（单位：㎜）

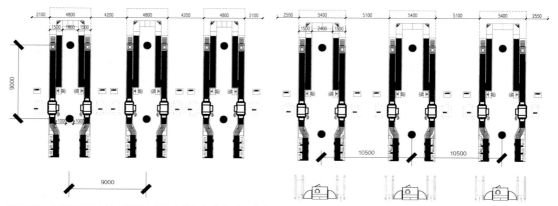

图 3-39 不同柱网尺度下带回筐系统安检机摆放方式示意（单位：mm）

可在旅客检查行李时自动为其提供和回收置物筐，即旅客在安检设备前端自助拿到置物筐，放置行李物品，安检完成后置物筐可在安检设备终端完成自助回收并传递回前端筐。在航班集中率较高的机场采用这种行李安检设备可大大提高安检效率，降低人工成本。增设回筐系统后，安检设备空间的进深应进一步加长（增长 3 ～ 5m），以满足回筐系统的设备放置需求。（图 3-39）

2. 旅客人身检查设备

除了旅客行李的安全检查外，旅客人身检查也很重要，它在保障乘机安全的基础上也尽可能地减少了空中违法运输行为。旅客人身检查设备通常包括金属物探测安检门和毫米波安检门。

1）金属物探测安检门

此类安检门在我国机场使用历史长达 30 年，主要采用弱磁场技术，对人体携带的金属物进行检查报警（图 3-40），不会漏报和串报。通过对探测门的灵敏度调节，可以对其报警物品的大小进行限制，通常机场旅客安检通道处的安检门灵敏度都较高，以免旅客携带违禁物品进入客舱。因此，可以认为安检门的应用属于"安检门搜查金属 + 全面人工搜身"的人体安检模式。

2）毫米波安检门

这是一种兼顾安检有效性与人体安全性的新型安检设备。其成像原理是由设备的各个面发出毫米波照射到旅客，由于人体皮肤和其他物体对毫米波的反射率是有差异的，该仪器就可根据这些差异扫描出与人体皮肤、衣料有所差别的地方。若位于门内的旅客在服装内携带了违禁品（体内的违禁品无法通过此方式查出），在图像中会显示出该物品清晰的表面和轮廓信息，进而帮助安检人员判别其种类。（图 3-41）

无论待检查的嫌疑物材质是金属还是非金属，是固体还是液体，甚至是有包装的危险气体，毫米波安检门都能够快速探查，这大大降低了机场安检人员的工作强度，提高了违禁品查验能力，且检查中不需要接触旅客，也不需要旅客脱掉衣物及原地转身，相比传统的"金属探测门 + 人工搜身"的安检方式，旅客的安检舒适度大大提高。

毫米波安检机相当于"全面查验 + 自动报警辅助搜身"的人身检查模式，每条通道可节省至少 1 ～ 2 名搜身安检工作人员，整个过程仅需 2s，相较于传统的人工搜身检查，节省了较多时间。但相较于传统安检门，毫米波安检门的价格较高，中小型机场使用时需考虑成本控制等因素。

图 3-40　金属物探测安检门工作原理

图 3-41　毫米波安检门安检示意图

3.4.2.3　整理台及休息座椅设置

整理台及休息座椅通常设置于行李安检设备的端部。在设计方面，其对旅客一侧应便于行李检查后的旅客收拾箱包，对工作人员一侧则应便于物品收纳。典型的整理台设计见图 3-42。

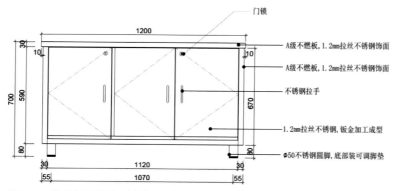

图 3-42　整理台设计图纸（单位：mm）

3.4.2.4　安检隔断设施

安检隔断一般设置于安检验证柜台后，作为空陆侧的物理分界。无论是何种形式的安检验证柜台，柜台后均需设置空陆侧安检隔断，可以是实体墙，也可以采用玻璃隔断的形式。分隔墙高度需满足不小于 2.5m，且无落脚点（横挺）供人攀爬的安防要求。

各安检通道之间以及安检通道后的隔断可根据机场安检人员的要求进行设置，但需保证安检通道前后均不存在可俯视安检通道全貌的视线通廊。

3.4.3　安检设备数量计算

一层半式机场航站楼的安检 / 联检区为连接航站楼空陆侧的重要枢纽，安检设备设施的数量会影响连接处的宽度及相关流程效率。

根据 IATA 的建议，在设计中一般通过计算 10min 高峰办票柜台吞吐量及排队乘客人数，来判断安检验证柜台是否满足设计要求。计算中通常假设安检效率为 120 人 / h，即 30s/ 人，最长等待时间不超过 10min。由于一层半式支线机场航站楼的年旅客吞吐量通常不高于 200 万人次，以 50 万人次为一档进行区分，可分别得到如表 3-6 所示的取值。

表 3-6　不同规模的支线机场航站楼所需安检通道及相关安检设备数量

年旅客吞吐量（万人次）	传统安检验证柜台数	自助安检验证柜台数	安检通道数
50	4（计算值为 3.5）	≥ 1	4
100	6（计算值为 5.02）	≥ 1	6
150	7（计算值为 6.54）	≥ 1	7
200	9（计算值为 8.05）	≥ 1	9

3.5　候机区域设计要点

3.5.1　候机区空间布局要点

候机区的空间布局设计主要包括空间容量计算和柱网布局设计，其中空间容量计算涉及候机区座椅需求量和候机区所需面积的计算。

3.5.1.1　空间容量计算

候机区座椅需求量可以机场所服务的飞机座位数（飞机容量）为依据来计算。因小型支线机场服务的机型一般为 4C ～ 6C 级，因此在计算座椅数量时主要以 C 类飞机座位数为依据。

候机区座椅需求量 = n× 飞机容量 ×80%（候机区共享系数）×80%（候机区有座旅客比例）

其中 n 的取值按 IATA 取值标准为 80%，国内专家建议，随着近年来我国乘飞机旅客数量的增加，n 可取值 90%。

然后，计算候机区面积。根据 IATA 标准，有座旅客人均所需使用面积不小于 $1.7m^2$，站立旅客人均所需使用面积不小于 $1.2m^2$，则候机室需要的面积计算方法为：

候机室所需面积 =[（80%× 飞机容量 ×80%×1.7）+（80%× 飞机容量 ×20%×1.2）] ÷65%（C 类飞机座位区最大占有率）

若使用上述计算方法，针对支线机场航站楼，以 C 类飞机的满载人数为 180 人计算，

候机区座椅需求量 =0.8×180×0.8×0.8 ≈ 92（个）；

候机区所需面积 =[（0.8×180×0.8×1.7）+（0.8×180×0.2×1.2）]÷65% ≈ 350（m²）。

此外，不同的登机方式对候机区站立 / 有座旅客比例的影响不同，计算座椅需求数量时也要将这一因素考虑在内。如主要采用近机位登机方式，以 C 类飞机为例，根据上文公式计算，一个候机区需要座椅的人数为约 92 人，需要候机区总面积约 350m²。但由于小型支线机场远机位登机口集中率较低，且远机位登机口较少（一般不超过 3 个），其候机区座椅可考虑更大的共享系数，因此远机位登机口固定座椅的数量较近机位登机口可以更少。

3.5.1.2　根据柱网尺寸确定座椅排布

根据空侧停机岸线最优方案，柱网间距为 9m 和 10.5m 时最经济。以此为前提，对候机区座椅排布情况作如下推算：

如柱网间距设置为 9m，座椅之间的间距最小值为 3m，座椅区宽度保持 5m，则 350m² 的候机区可以设置 108 个座椅。（图 3-43）

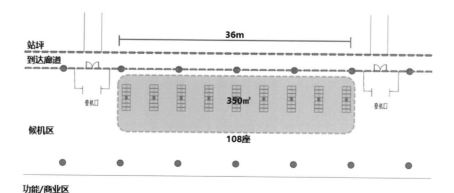

图 3-43　9m 柱网间距的候机区布局示意图

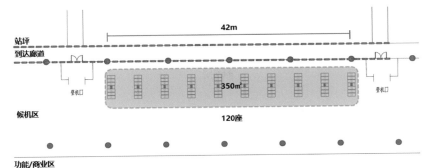

图 3-44　10.5m 柱网间距的候机区布局示意图

如柱网间距设置为 10.5m，座椅之间间距为 3.3m，座椅区宽度保持 5m，则 350m² 的候机区可以设置约 120 个座椅。（图 3-44）

此外，因站立区宽度可适当变窄，因此在商业区与候机区的总进深一定的前提下，商业区进深可相应增大。

3.5.2　候机区座椅类型

候机区座椅根据使用功能不同，大致可以分为三种类型，即普通候机区座椅、商务休闲座椅和花式休闲座椅。

普通候机座椅：为航站楼内出发旅客休息使用，座椅数量可按照上文所述方法计算，合理、舒适、成排设置，座椅间距以 3 ～ 3.6m 为宜。（图 3-45）

商务休闲座椅：此类座椅设置相对灵活，座椅位置配有插座和桌子，可供办公使用。（图 3-46）

花式休闲座椅：设置方式更加灵活丰富，可以与休闲商业、主题活动等相结合，打造特色休闲空间。（图 3-47）

图 3-45　普通候机座椅布置图

图 3-46　商务休闲座椅意向图

图 3-47　花式休闲座椅区意向图

3.6 登机口设计要点

3.6.1 登机口空间尺寸

登机口有自助检票登机口和传统人工检票登机口两种。

自助检票登机口：一般由航班信息显示设备、自助检票机、人工检票柜台、登机口标识、监控设备等组成。其面宽约5m，进深约4m，自助检票通道一般宽0.7m，人工检票登机通道宽约1.05m。（图3-48）

人工检票登机口：组成设备相对简单，一般由航显设备、人工检票柜台、登机口标识等组成。其面宽约4.5m，进深约4m，检票通道宽约为1m。（图3-49）

3.6.2 近机位登机口布置方式

近机位登机口通过到港廊道与登机桥相连。其设置一般考虑旅客登机方式、登机排队区域设置这两个因素。

旅客登机方式：由于空侧登机桥的布置方式与航站楼登机口布置方式的原则不同，对登机桥与登机口之间关系的控制，需考虑：①是否能满足安保门禁的管理要求；②候机区、机位布置、服务车辆运行流线和其他设施设备的影响；③到达旅客采用分流式还是混流式流线到达行李提取厅。（图3-50）

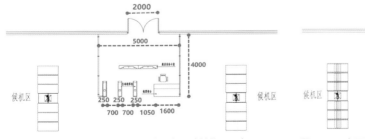

图3-48 自助检票登机口空间尺寸示意图（单位：mm）

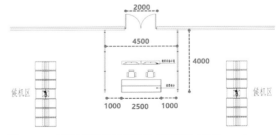

图3-49 人工检票登机口空间尺寸示意图（单位：mm）

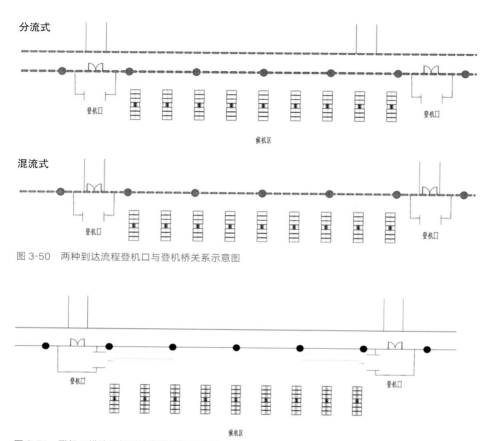

图 3-50 两种到达流程登机口与登机桥关系示意图

图 3-51 登机口排队区与到达廊道关系示意图

　　登机排队区设置：登机口排队区域一般设置在登机口正前方。特殊情况下，登机口排队区域也可设置在登机口两侧，与到达廊道平行（图 3-51）。

3.6.3 远机位登机口布置方式

支线机场航站楼除近机位登机口外，还需设置远机位登机口，旅客通过摆渡车登机。设置远机位登机口位置时，可以利用航站楼主体建筑屋顶挑檐或者二层造型挑台，作为摆渡车雨篷使用（图3-52）。

此外，远机位登机口的门斗设置还需考虑气候因素。如在冬季严寒的北方地区，远机位登机口的门斗可考虑设置在建筑内侧（图3-53），使旅客登上摆渡车时更安全、舒适。

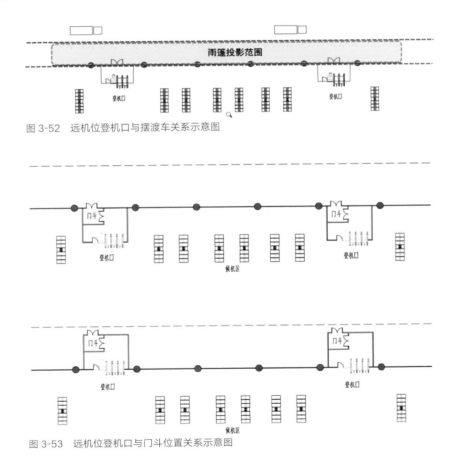

图 3-52 远机位登机口与摆渡车关系示意图

图 3-53 远机位登机口与门斗位置关系示意图

3.7 行李提取厅设计要点

3.7.1 行李提取厅空间尺度分析

乘客到达航站楼后，先到行李提取厅取行李，然后通过行李验证和检票进入公共大厅。

3.7.1.1 行李转盘尺度分析

行李转盘根据转盘板面分类，一般分为平运转盘与倾斜式转盘（图 3-54）；根据行李处理机房与行李提取厅的不同位置关系分类，可分为同层转盘和异层转盘，前者常用于小型机场，后者常用于大型机场；根据转盘平面形式分类，可分为一字形、L 形、T 形（图 3-55）、U 形等，小型机场常用 T 形转盘，根据行李运输车的长度（约 13m），两个行李转盘之间的净距离约 10 ～ 13m。（图 3-56）

图 3-54　平运转盘（左）与倾斜式转盘（右）

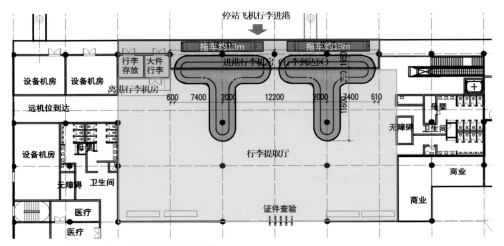

图 3-55　行李提取厅与 T 形行李转盘尺度示意

图 3-56　德国法兰克福哈恩机场行李转盘

3.7.1.2 近机位到达区尺度分析

对于旅客到达流线与行李提取厅的衔接，在近机位到达流线中，考虑到行李提取厅一般设置在首层，近机位到达的旅客一般从二层的到达大厅通过扶梯（通行宽度 1.6m）、电梯（通行宽度 2.8m）和楼梯（通行宽度 1.6m）到达首层，则行李提取厅的近机位到达口一般宽度约 6m，可容纳 3 ～ 4 股人流并行。（图 3-57）

3.7.1.3 远机位到达区尺度分析

远机位到达旅客下飞机后，一般由机场摆渡车运送到首层的远机位到达口，然后进入行李提取厅。一般考虑 3 ～ 4 股拿着拉杆箱等行李的人流并行，所需活动空间宽度约 3.4m，故行李提取厅的远机位到达区宽度应在此处基础上再适当加宽，一般按照 4m 考虑。（图 3-58）

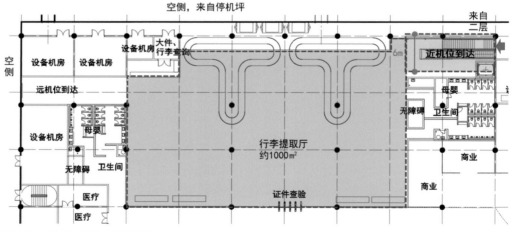

图 3-57　近机位到达区域尺度分析

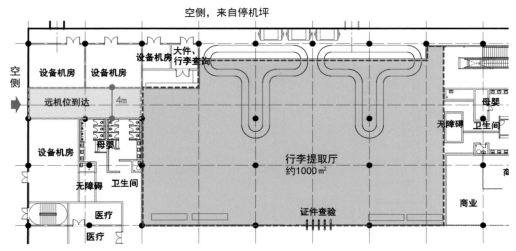

图 3-58　远机位到达区域尺度分析

3.7.1.4　大件行李提取及行李查询区尺度分析

　　大件行李提取服务区一般分为大件行李查询处理区、大件行李存放区和服务台。行李运到进港行李机房后，大件行李通过大件行李查询与行李服务台送到乘客手中，也可通过快递服务送达乘客。（图 3-59）

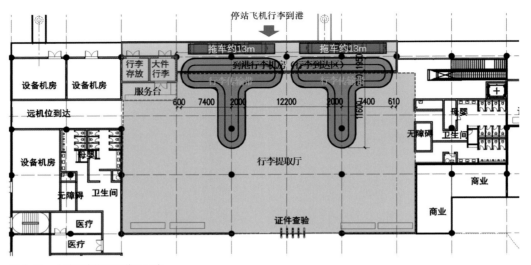

图 3-59 大件行李提取区位置示意

3.7.2 到达行李验证流程

　　旅客在行李提取厅通过行李转盘拿到行李后，须在行李提取厅出口处验证行李是否为本人所有，验证通过后可到达出口大厅。行李验证内容包括行李牌核验及其他信息核查。

　　行李牌核验：一般在行李提取厅出口位置由工作人员通过扫码器或者人工对登机牌与行李箱上的条码进行核对，核对无误后可放行（图 3-60）。

　　其他信息核查：在一些特殊时期，机场可能增加其他的信息核查内容，包括身份验证、传染病检查等（图 3-61），一般会在证件查验口处同时进行，如有较大的拥堵可能，则会增加检测通道数量。

图 3-60 到达行李牌核验

图 3-61　上海浦东国际机场在新冠肺炎疫情期间设置检测通道

3.8　行李处理区设计要点

3.8.1　行李处理机房设计

　　行李流线是航站楼中最重要的流线之一，行李处理空间的首要需求就是简洁、高效，方便行李车运行，提高装卸效率。行李处理区主要包含出港行李处理机房和到港行李处理机房两个部分，设计中应注意六个要点：①需最小化行李运送的各环节所占用的空间；②尽量减少行李流线的转弯与空间变化；③确保行李传送带斜率不超过 15°；④尽量使行李分拣区靠近停机坪；⑤离港与到港行李处理机房分别设置，避免行李流线交叉；⑥尽可能实现智能化、无纸化、绿色节能的行李处理流程。

3.8.1.1　出港行李处理机房

　　出港行李处理机房靠近停机坪布局，方便接收旅客行李后及时通过行李运输车运送到出发航班。（图 3-62）

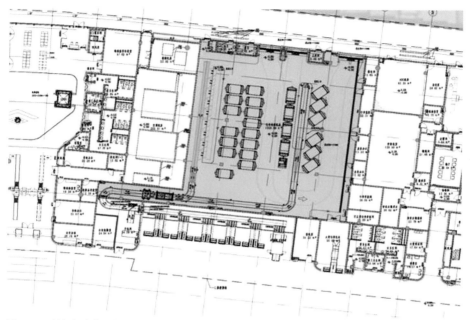

图 3-62　某机场出港行李处理机房平面布局

支线机场航站楼整体体量较小、旅客吞吐量不大，行李系统需处理的行李有限，多考虑为人工分拣；航班集中率高的机场也可考虑自动分拣（图 3-63）。

行李根据尺寸分为标准行李和超标准大件行李。人工分拣的标准行李出港路径为：值机柜台→行李安检→始发输送线→出港转盘；自动分拣的标准行李出港路径为：值机柜台→行李安检→始发输送线→分拣机→出港转盘 / 滑槽（图 3-64）。

超标准尺寸的托运行李，直接在大件行李柜台办理托运手续，由人工送至行李处理机房内。

图 3-63　某机场出港行李处理机房的自动分拣系统

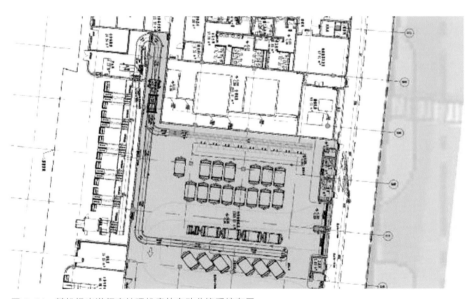

图 3-64　某机场出港行李处理机房的自动分拣系统布局

3.8.1.2 到港行李处理机房

到港行李处理机房同样应贴临停机坪设置，方便接收飞机运达的行李。飞机抵达后，行李包通过行李运输车运送到卸载区。随后，行李被放入传输带，通过转盘系统运送到行李提取（图3-65）。一般一辆行李运输车一次可运送 80 ～ 100 名乘客的行李。

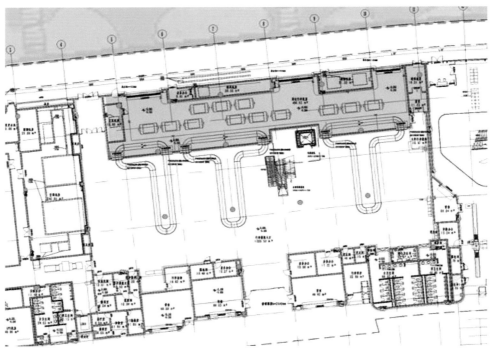

图 3-65　某机场到港行李处理机房平面布局

3.8.2 行李处理系统

行李处理系统包括出港行李处理系统、到港行李处理系统、大件行李处理系统。

处理行李的设备设施主要包括始发值机线、值机柜台（包括标准行李始发柜台、大件行李始发柜台）、自助托运柜台、X 射线安检机（包括双通道 X 射线安检机、大通道 X 射线安检机）、出港转盘、到港转盘，以及控制系统。

3.8.2.1 行李处理流程

1. 出港行李处理系统

用于处理始发旅客交运的标准行李，由值机岛、输送线、出港转盘等组成。起点为值机岛柜台，终点为出港分拣转盘。（图 3-66）

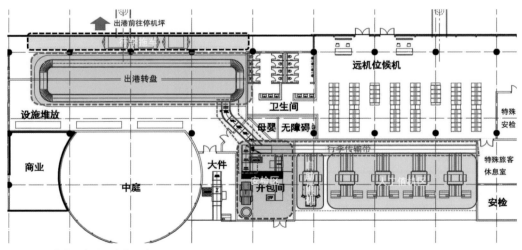

图 3-66　离港行李处理流线示意

如果出港行李处理机房面积较小，出港转盘仅一侧可供拖车停靠并装载行李。

超标准尺寸的交运行李，由大件行李处理系统处理。

2. 到港行李处理系统

在到港行李装卸间与行李提取大厅之间设置到港转盘（图 3-67），到港行李直接卸在提取转盘上，供到港旅客提取行李。由于行李拖车会进入操作间，故转盘与拖车车道间应设置防撞柱。

3. 大件行李处理系统

包括出港大件行李系统和到港大件行李系统。出港大件行李系统配置始发大件柜台、大通道 X 射线安检机；经安检合格的大件托运行李由人工送至后场装车；到港大件行李均由人工送至行李提取厅。

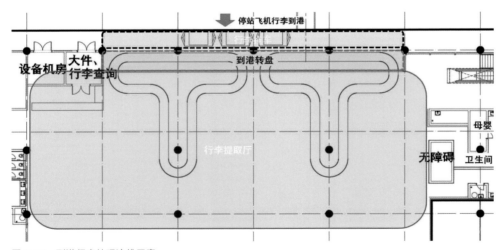

图 3-67 到港行李处理流线示意

3.8.2.2　交运行李安检系统

　　所有交运行李都需进行安全检查，目前多采用多源双视角X射线安检设备。始发交运行李大多采用柜台双通道X射线安检机（图3-68）进行安全检查，系统为分层管理模式、现场开包检查。

　　在交运柜台旁一般设置行李判读及开包间，判读人员在该房间内判图；可疑行李会被自动退回，由安检人员提至开包间，与旅客一起开包检查，以尽量保护旅客隐私。

　　经开包检查合格的行李，需由旅客重新带回柜台交运、接受复检。

　　始发大件交运行李采用大通道X射线安检机进行检查，可疑行李在现场进行开包检查。如行李尺寸较小，也可进入开包间接受检查。

3.8.2.3　行李皮带

　　行李皮带是行李处理系统内的传送设施（图3-69），一般宽1.2m，两侧需至少预留600mm的检修宽度。行李处理机房与公区之间通常需采用防火卷帘、橡胶帘门分隔，洞口净高不小于1.6m。

图3-68　行李安检机

图3-69　行李皮带

3.8.2.4 行李拖车

行李拖车（图 3-70）的运作流线为：先将到达行李从航班运送至到港行李处理机房卸载，再到出发行李转盘装载出发行李，运送到对应航班。

标准行李拖车宽 1.8m，占车道宽度为 2m，一般车道宽为 3m；每节车厢长度为 2.8m，1 辆拖车最多可拖 4 节车厢，四节拖车的长度为 13m（图 3-71）。

对于 C 类飞机的行李装卸，拖车仅需运行 1 次即可完成。

用于行李处理的出港转盘的长度可根据航班配比和拖车长度确定其最经济长度，一般直线段长度取 20m 最为经济。

单个到港转盘的卸载边长度需根据拖车的卸载要求设置，一般应允许 1 个拖车的 3 ～ 4 节车厢同时使用，长度为 13m（图 3-72）。

图 3-70　行李拖车

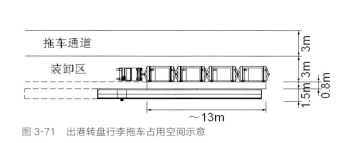

图 3-71　出港转盘行李拖车占用空间示意

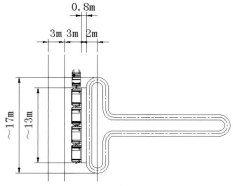

图 3-72　到港转盘行李拖车占用空间示意

3.9　贵宾区设计要点

3.9.1　贵宾区类型

　　航站楼贵宾区是需要着重设计的区域，也是较为独立且重要的节点，一般设置于航站楼主流程（车行流线）的上游，与航站楼出发大厅由通道连接。贵宾区主要分为以下几类：

　　政务贵宾厅：一般由机场集团独立运营或委托第三方运营，其设计需要满足地方政务接待的需求。需根据接待的政务贵宾的级别，为各类接待任务定性，从而设置航站楼的政务接待功能标准，并为政务贵宾厅划分安保等级。政务贵宾厅流线与主流线不重合，政务贵宾办票、行李托运等流程均由专人处理，安检通道一般会在 VIP 区独立设置。

　　商务贵宾厅：主要为重要商务人士（其流程办理易对普通旅客流程产生影响）所设置，使用频率根据机场的区位有所不同，在中小型机场内可与政务贵宾厅合并使用（图 3-73），服务方式和流程与政务贵宾厅一致。

　　卡类及两舱贵宾厅：一般由航空公司运营，机场规模较小时也可由机场集团集中运营。卡类及两舱贵宾厅的目标人群主要为商务人士（常旅客），此类人群对于贵宾厅便捷性要求较高，但

图 3-73　某机场的政务及商务贵宾厅效果示意

未达到可以在 VIP 区独立登机的标准。

　　卡类及两舱贵宾与经济舱旅客共用同一出发 / 到达流线，但在值机办票、出发安检区均有贵宾专用柜台及通道为其进行专属服务。此类贵宾服务区通常设置于方便候机及登机的区域，主要为商务人士提供临时休息、候机等服务。有条件的航站楼内建议设置独立的快捷登机通道。

3.9.2　贵宾厅设计要点

　　航站楼贵宾厅根据安检通道的位置可分为陆侧贵宾厅和空侧贵宾厅，陆侧贵宾厅主要为上文所述的政务及商务贵宾厅，空侧贵宾厅主要为上文所述的卡类及两舱贵宾厅。

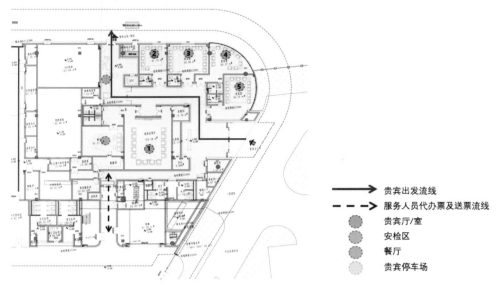

贵宾出发流线
服务人员代办票及送票流线
贵宾厅/室
安检区
餐厅
贵宾停车场

图 3-74　某机场陆侧贵宾厅内功能布局示意

3.9.2.1　陆侧贵宾厅

　　陆侧贵宾厅的私密性、安全性要求较空侧贵宾厅更为严格，主要以包厢的形式设置，包厢内可设置独立就餐区，如贵宾厅面积较大，也可在贵宾厅内集中设置就餐区（图 3-74）。下文将具体分析陆侧贵宾厅的不同贵宾使用需求。

1. 出发贵宾需求

出发贵宾的值机办票、行李托运等业务需由工作人员代办，因此在贵宾区内停留时间相对较

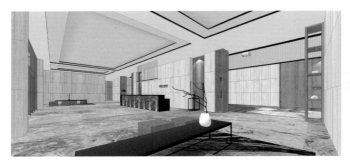

图 3-75　某机场的贵宾接待厅示意

图 3-76　某机场贵宾休息区设置

长。如到达时距航班起飞时间较近，出发贵宾可于贵宾区接待厅内进行短暂休息；如等待航班起飞时间较为充裕，则可进入贵宾厅内进行长时休息。因此，陆侧贵宾厅接待厅的布置需满足贵宾（至少 3 人一组成行）的临时使用要求。（图 3-75）

为方便为出发贵宾办理各项业务，如陆侧贵宾厅内不设置独立值机柜台，则需保证接待厅与出发大厅的值机办票区之间有便捷的通道相连，从而减少出发贵宾办理流程所需等候的时长。

2. 到达贵宾需求

陆侧贵宾厅需考虑到达贵宾离开航站楼的便利性。到达贵宾的托运行李需由工作人员直接提取送至贵宾厅出入口，同时出入口应设置方便车辆接送贵宾、环绕和停车的道路交通系统。考虑到到达贵宾在航站楼内停留时间较短，可在陆侧贵宾厅接待厅附近设置小型公共卫生间，以满足贵宾旅客的临时需求。

3. 迎 / 送客贵宾需求

除出发及到达的贵宾外，陆侧贵宾厅还需考虑迎 / 送客贵宾的使用需求。除停车区外，接待厅旁可设置迎 / 送贵宾厅，如有足够空间，可设置供迎 / 送客贵宾长时休息的区域（图 3-76）。

图 3-77　上海虹桥国际机场 V1 贵宾休息室（空侧贵宾厅）

3.9.2.2　空侧贵宾厅

航站楼内的空侧贵宾厅（图 3-77）的服务对象主要为卡类及两舱贵宾，因服务半径较小，因此远 / 近机位、国内 / 国际候机区均应设置空侧贵宾休息区。空侧贵宾厅的主要功能区域包括散客茶座区、散客休息区、包厢区以及后勤服务设施区域等。

1. 散客茶座区布置

空侧贵宾厅的茶座区应满足贵宾在航站楼内进行短时休息（2h 以下）的需求，可供贵宾登机前临时休息及品尝茶点。同时，为简化旅客登机流程，在有条件的机场，贵宾旅客的随身行李也可由工作人员提前运输至航班指定座位上方。

茶座区规模应可满足小型组团旅客（3～5人）的使用需求，同时需配备公用服务设施，如卫生间、淋浴室及简餐用餐区等。（图 3-78）

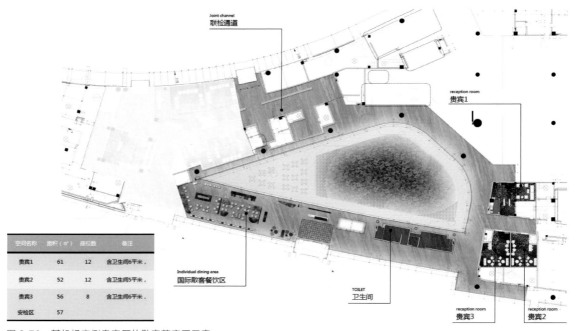

空间名称	面积（㎡）	座位数	备注
贵宾1	61	12	含卫生间6平米，
贵宾2	52	12	含卫生间5平米，
贵宾3	56	8	含卫生间6平米，
安检区	57		

图 3-78 　某机场空侧贵宾厅的散客茶座区示意

2. 散客休息区

空侧贵宾的散客休息区应满足贵宾在航站楼内中长时段休息（2 ～ 3h）的需求，休息区内座位多为独立式（图 3-79），较为安静私密，可提供私人充电及娱乐设施，常独立布置于航站楼内贵宾区端部，也可采用独立工作舱等形式。

3. 包厢区

空侧贵宾厅也可设置包厢，但其规模相较于陆侧贵宾厅的贵宾包厢较小，可设置为能容纳 10 人的中型包厢或者能容纳 3 ～ 5 人的小型包厢，内部不考虑餐饮功能，如有需要可配送简餐。

图 3-79　某机场卫星厅的空侧贵宾厅散客休息区示意

3.9.2.3　贵宾区后勤服务设施

陆侧贵宾厅公共区内通常设有贵宾办公室、公共服务间（包厢内设有独立服务间）、备餐区（如设置餐厅）、值班室及清洁间等后勤服务房间。卡类及两舱贵宾厅通常设置值班室及综合服务间即可。

贵宾厅的服务间每间面积为 6 ～ 10m²。服务间内须设置独立上下水系统、冷藏区及工作台，可配置电脑进行工作。

如贵宾区设置了送餐服务，则还需考虑配餐方式（通常分为由运营管理部门直接配送及自制餐食两种方式）及相应的空间需求。

如选择自制餐食，则需设置食品库房、运输 / 卸货通道、厨房、隔油间及备餐间。另外，根据食品加工方式，需确定是否需要使用燃气，如需使用，厨房须紧贴外墙且与人员密集场所不相邻，且燃气相关配套设施须由当地相关设计院进行专项设计。直接配送餐食方式则相对较为简单，仅需在用餐区设置备餐间即可完善相关服务。

4

4.1 一层半式航站楼的空间组合类型

一层半式航站楼为局部两层，到发同层的空间构型，根据两层布局功能的不同，可进一步分为三种组合关系，见表 4-1。

组合 I：候机上置式。出发与到达流线紧密关联，几乎所有流程均在航站楼一层布置，仅在二层设置近机位候机厅。

组合 II：安检候机上置式。值机区与到达流程设置在一层，安检及候机等出发流程布置在二层。

组合 III：同层进出到发分层式。出发与到达同层进出，但相互独立分层。到达流程设置在一层，出发流程设置在二层。

下文将分别详细剖析这三种航站楼空间组合类型的特点、对应实际案例及优缺点等，以期为支线机场航站楼构型的选择提供系统性参考。

表 4-1　一层半式航站楼的三种空间组合关系图

组合名称	空间落位	空间类型						
		出发大厅	值机办票	安检区	候机大厅	行李提取厅	到达大厅	贵宾厅
组合 I：候机上置式	空间在首层	√	√	√	√	√	√	√
	空间在二层				√			√
组合 II：安检候机上置式	空间在首层	√	√			√	√	√
	空间在二层			√	√			√
组合 III：同层进出到发分层式	空间在首层					√	√	√
	空间在二层	√	√	√	√			√

4.1.1　组合Ⅰ：候机上置式

　　候机上置式组合方式将出发大厅、值机办票区、安检区、到达大厅、行李提取厅、贵宾厅、远机位候机厅均布置在一层。近机位候机厅布置在二层，用廊桥相连。（图4-1，图4-2）出发流程与到达流程紧密关联。该组合方式在国内运用广泛且成熟。

　　该组合方式的一层空间内，到达大厅、出发大厅、值机等候区、安检等候区空间并列排布。前厅空间较长、通高设计，整体大气，大厅空间丰富可变；二层仅设置近机位候机厅，留白空间较多，为特色空间的融入提供较多可能性，例如可增加通高光庭、展示展馆、休闲长廊、生态庭园等，在丰富空间变化的同时增强小型机场航站楼空间的趣味性及在地性。同时，组合Ⅰ航站楼形体丰富多样，常见航站楼形体有矩形、三角形、圆形等。

组合Ⅰ空间类型案例分析

　　组合Ⅰ的空间组合类型将候机厅上置，其通高大厅内可增加一些创新空间：采光天井、生态庭院、叠水景观等可以加入到通高大厅中，增加空间多样性，促进旅客视线交流。例如中国江西上饶三清山机场，在通高大厅内加入了采光天井，不仅体现出"空山新雨，水波涟漪"的理念，还使整体前厅空间明亮大气，通透清新。国内优秀案例还包括山西大同云冈国际机场，其三角大框架之下不仅包含了陆侧车道，还融合了航站楼各层功能空间，同时设置了许多露台空间，增加

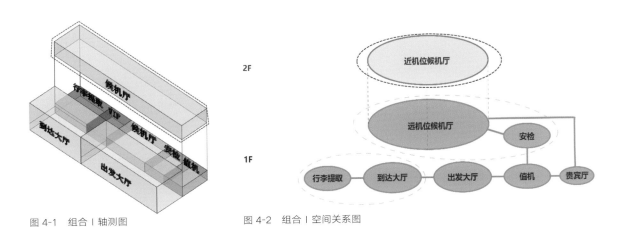

图 4-1　组合Ⅰ轴测图　　　　　　　　　　　图 4-2　组合Ⅰ空间关系图

图 4-3　大同云冈国际机场剖面　　　　　　　　　　　图 4-4　西班牙萨拉戈萨新机场剖面

了不同区域间视线的交流和空间的流动性（图 4-3）。湖南岳阳三荷机场等候空间通高，屋顶采用张拉膜，其间设置的梭形玻璃天窗使航站楼内部白天拥有充足的自然光，大幅降低了人工照明的能源消耗。西班牙萨拉戈萨新机场采用波浪形交错的大屋顶结构，以及候机厅上置、首层布置其他各项功能空间的模式，使屋顶具有多样形态，造就了候机层及首层大厅空间的丰富变化（图 4-4）。

4.1.2　组合 II：安检候机上置式

安检候机上置式将到达大厅、行李提取厅、贵宾厅、远机位候机厅、值机办票区布置在一层，安检区、近机位候机厅布置在二层，用廊桥相连。出发流程与到达流程相互关联。（图 4-5，图 4-6）该组合方式在国内运用较少，国外运用较多。采用该组合方式的航站楼形态多样。

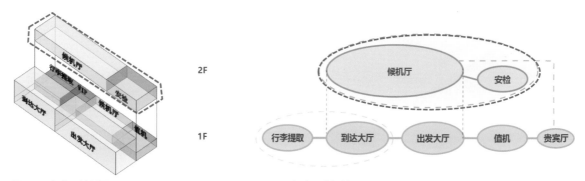

图 4-5　组合 II 轴测图　　　　　　　　　　　图 4-6　组合 II 空间关系图

该组合形式的航站楼空间特点为：①值机区域在一层，部分线上值机旅客可直接从二层出发，旅客流程动线清晰高效。②旅客安检出发与到达大厅空间相互独立，可单独设计。③送客流线可到达二层，不同空间之间的视线交流更加充分。④航站楼体外形多偏矩形、较长，平面鲜有方形。一层空间大气，二层空间和流线丰富多样。⑤因为安检区、到达大厅分层布置，所以此组合对航站楼空间高度、平面进深有较高要求，需要根据场地进深、限高等条件一同考虑设计。

组合 II 空间类型案例分析

航站楼一层功能空间以到达大厅为主，将安检区与候机厅上置，二层以出发大厅为主，各空间功能较为纯粹。安检区、到达大厅空间交错通高，可以将传统流程中的功能空间融入大厅空间之中，也可以在流程中增加创新空间，例如休闲商业、通高光庭、展示展馆、生态庭园等，在丰富空间变化的同时增加小型机场趣味性、增强航站楼空间在地性。

中国广西北海福成机场采用组合 II 的空间组合类型，仅将安检区与近机位候机厅设置在二层，并将首层大厅的通高空间与功能流程相联系，实现了首层大厅与行李提取区、安检区的融合。大厅圆弧造型的一、二层通高空间，使得整体空间具有通透、流畅感。（图 4-7）

美国诺曼·峰田圣何塞国际机场航站楼将出发大厅与到达大厅并列通高，实现了两个空间的相互交流。航站楼屋顶整体采用圆弧造型，使得候机大厅空间更加灵动有趣。（图 4-8）智利拉阿劳卡尼亚机场航站楼的到达大厅一、二层连通，出发、安检分层布置，同时在流程中置入庭院空间，使航站楼整体通透明亮，主要空间用玻璃庭院相隔，将清新自然的感受引入大厅及候机空间中，营造出明快舒适的氛围，使空间变化富有层次，航站楼空间组合更加多样，为旅客带来更加丰富的流程体验。（图 4-9）

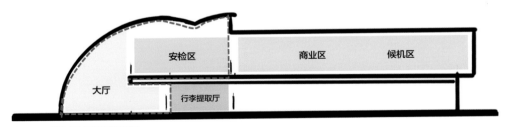

图 4-7 北海福成机场剖面图

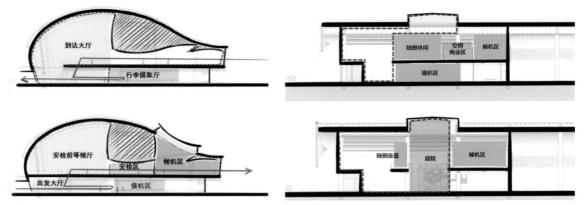

图 4-8　美国诺曼·峰田圣何塞国际机场剖面构成

图 4-9　智利拉阿劳卡尼亚机场剖面构成

4.1.3　组合 III：同层进出到发分层式

　　同层进出到发分层式组合将到达大厅、行李提取厅放置在一层空间，二层功能空间则为出发大厅、值机办票区、安检区、候机区，用廊桥相连（图 4-10，图 4-11）。该组合方式将到达流程与出发流程更加清晰明确地区分开来，首层空间功能较少，二层空间占用面积较大，航站楼形态多样。

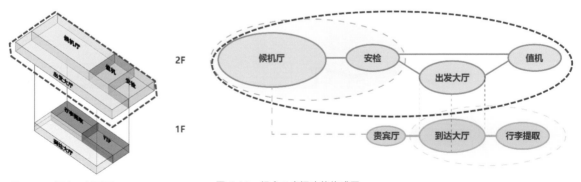

图 4-10　组合 III 轴测图

图 4-11　组合 III 空间功能构成图

该组合方式的空间特点为：①出发流线的功能空间与到达流线的功能空间完全相互独立。②首层功能较少，空间面积需求小，可根据场地条件做吊层空间。③二层功能空间较多，对空间进深需求较大。④航站楼形态以矩形、圆形为主，二层空间对高度、平面进深要求均较高。

组合Ⅲ空间类型案例分析

航站楼一层功能空间服务于到达流程，二层功能空间服务于出发流程，流程划分在空间上独立清晰。

中国广西柳州白莲机场采用标准的组合Ⅲ空间类型，并在出发流程中增加通高庭院，不仅增加了与到达层的视线与空间联系，还丰富了出发旅客的流程动线。在整个航站楼的形态上，出发大厅及到达大厅沿短边布置，进深较大，候机空间最大限度地沿航站楼长边展开。（图4-12）

立陶宛考纳斯机场将到达大厅与出发大厅一并通高设计，同时拔高二层空间，将商业空间抬高至二层空间之上，得到一个可以俯瞰出发大厅、到达大厅的夹层商业空间。此商业空间在流线上与陆侧有紧密的联系，与空侧仅有视线上的交流，使整个航站楼空间体验更丰富有趣，增加旅客送客过程中与航站楼内各功能空间的互动。整体空间在剖面上更加灵动，功能更加融合。（图4-13）

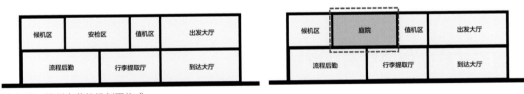

图4-12　柳州白莲机场剖面构成

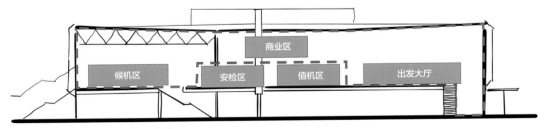

图4-13　立陶宛考纳斯机场剖面构成

4.1.4 三种组合优势、限制条件及适用场景

上述三种空间组合方式有不同的优势、限制条件以及适用场景，详见表 4-2。

表 4-2 三种空间组合方式对比表

名称	组合 I：候机上置式	组合 II：安检候机上置式	组合 III：同层进出到发分层式
优势	首层大厅空间大气开阔 二层留白空间多，可增设特色空间 形态多样：矩形、圆形、三角形	二层空间分布均匀 空间多元、流线丰富 形态多样：矩形、环形	首层面积小，留白空间多 二层空间多元、流线丰富 形态多样：矩形（偏方）、环形
限制条件	首层面宽较大、进深适中 场地面积需求较大	场地进深要求大 对航站楼高度要求较高	场地面积需求较大 航站楼面宽、进深较大，且对高度要求较高
适用场景	用地面积、面宽或进深充足 场地适用矩形、圆形、三角形航站楼形态 对航站楼高度要求低	用地面积适中 场地适用矩形、圆形航站楼形态 对航站楼高度要求较高	用地面积充足 场地适用矩形（偏方）、圆形航站楼形态 对航站楼高度要求较高

4.2   一层半式航站楼的空间尺度研究

空间尺度是影响旅客体验的重要因素之一，空间比例与尺度设计不仅影响着旅客的心理感受，还会在一定程度上影响旅客的视觉感受。从对心理感受的影响来看，空间尺度较大时，旅客感受以震撼、空旷、疏远为主；当空间尺度较小时，旅客则可能感到舒适、亲切或压抑。表 4-3 总结了不同深高比（D/H）的航站楼空间给人的视觉感受。

表 4-3　拥有不同进深高度比（D/H）的空间视觉感受对比表

空间尺度示意			
进深高度比 D/H	$D/H=1$	$D/H=2$	$D/H=3$
仰角	45°	27°	18°
视觉感受	视觉观察较为吃力，空间细部展现不足	可提供较为舒适的观察视角，旅客可以获取空间界面带来的信息	可提供舒适的观察视角，使旅客可以获取空间内的各种事物信息，满足在大空间内找寻信息和方向的需求

4.2.1　出发大厅与到达大厅的空间尺度研究

4.2.1.1　平面尺度

出发大厅与到达大厅是航站楼内最为重要的公共空间，也是大量进出港旅客流动和汇集之地。笔者调研大量航站楼案例的平面尺度后，发现支线机场航站楼出发大厅一般与航站楼面宽尺度相近，进深为 15 ～ 24m，进深与面宽之比大多集中在 1 ∶ 2 ～ 1 ∶ 4，见表 4-4。

表 4-4　国内外支线机场航站楼出发大厅平面尺度统计

机场名称	出发大厅面积（m^2）	面宽 W（m）	进深 D（m）
神农架机场	772	45	15
大同云冈国际机场	937	54	16
西藏定日机场	790	50	15
沧源佤山机场	1500	80	18
澜沧景迈机场	910	64	13

续表

机场名称	出发大厅面积（m²）	面宽 W（m）	进深 D（m）
蚌埠机场	2088	104	24
上饶三清山机场	1750	92	18
岳阳三荷机场	700	40	18
呼伦贝尔海拉尔机场	2880	116	24
新西兰纳尔逊机场	530	42.4	12.5
格鲁吉亚新机场	430	28	15.2
智利拉阿劳卡尼亚机场	570	60	12

4.2.1.2 剖面尺度

根据彭一刚和芦原义信的理论，不同的空间形态会给人带来不同心理与视觉感受[①]，这在空间剖面中体现为不同的 D/H 值会给人带来不同的空间体验，所以本书以此对国内外若干机场航站楼剖面进行分析，见表 4-5。

表 4-5　国内外支线机场航站楼空间进深（D）、高度（H）值对比

机场名称	值机柜台形式	进深 D（m）	室内最大高度 H_1（m）	室内最小高度 H_2（m）	室内平均高度 H_3（m）	进深方向空间比例 D/H_3
新西兰纳尔逊机场	前列式	11.6	8	6	7	1.65
美国诺曼·峰田圣何塞国际机场（出发大厅）	前列式	14.4	12.8	8.1	10.45	1.37

---

① 彭一刚，《建筑空间组合论》；芦原义信，《街道的美学》。

机场名称	值机柜台形式	进深 D（m）	室内最大高度 H_1（m）	室内最小高度 H_2（m）	室内平均高度 H_3（m）	进深方向空间比例 D/H_3
美国诺曼·峰田圣何塞国际机场（到达大厅）	前列式	14.4	3.9	3.9	3.9	3.7
立陶宛考纳斯机场（出发大厅）	前列式	21	6.8	6.8	6.8	3.1
立陶宛考纳斯机场（到达大厅）	前列式	14	3.3	3.3	3.3	4.2
智利拉阿劳卡尼亚机场	前列式	12	8	7.2	7.6	1.6
岳阳三荷机场	前列式	18	10.4	8.3	9.35	1.9
上饶三清山机场	前列式	18	11.9	10.4	11.15	1.6
呼伦贝尔海拉尔机场	前列式	21	11.8	6.3	9.05	1.8
西藏定日机场	前列式	13	9.4	8.6	9	1.4
蚌埠机场	前列式	29	21.5	12.5	17	1.7
澜沧景迈机场	前列式	16.9	16.9	11.6	14.25	1.2
沧源佤山机场	前列式	18.8	13.5	11.8	12.65	1.5

1. 组合Ⅰ / 组合Ⅱ：并列式

在组合Ⅰ、组合Ⅱ两种模式中，航站楼的出发大厅与到达大厅因共用大空间，其净高皆可至屋顶吊顶以下，所以它们的剖面形状基本保持一致。（图 4-14）

1）并列式出发 / 到达大厅（D/H<1.5）

当 D/H 小于 1.5 时，大厅剖面因为进深与净高过于接近，空间会产生一定的围合感，使其中的旅客感到视野不够开阔，同时也可能会对旅客获取信息、判断位置产生一定的影响。（图 4-15）

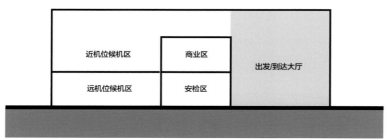

图 4-14　组合 I / 组合 II 并列式出发与到达大厅剖面示意

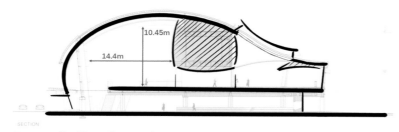

图 4-15　美国诺曼·峰田圣何塞国际机场出发大厅剖面，*D/H*=1.37

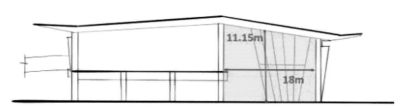

图 4-16　上饶三清山机场出发与到达大厅剖面示意，*D/H*=1.6

2）并列式出发 / 到达大厅（1.5<*D/H*< 2.5）

当 1.5<*D/H*< 2.5 时，大厅剖面形状接近于矩形，空间带给人的围合感不再那么强烈。随着 *D/H* 的增大，空间会逐渐产生一种宽阔感，在这样的空间中，旅客能更便捷地查看标识和获取信息。（图 4-16 ～图 4-18）

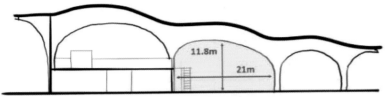

图 4-17　呼伦贝尔海拉尔机场出发与到达大厅剖面示意，*D/H*=1.8

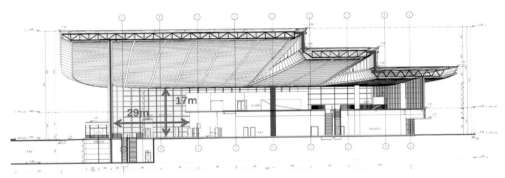

图 4-18　蚌埠机场出发与到达大厅剖面示意，*D/H*=1.7

2. 组合Ⅲ：分层式

1）分层式出发大厅（2.5<*D/H*<3.5）

在组合Ⅲ中，到达大厅为了更好地与行李提取厅相衔接，一般会设置在首层，出发大厅则会设置在二层。由于此类组合中出发大厅与到达大厅不共享室内净高，其 *D/H* 值相对组合Ⅰ、组合Ⅱ的会更大，集中在 2.5 到 3.5 之间。同时，这类空间净高通常为 6 ～ 9m，这不仅更有利于旅客获取视觉信息，还能让旅客拥有更舒适的空间体验。（图 4-19，图 4-20）

图 4-19　组合 Ⅲ 分层式出发大厅剖面示意

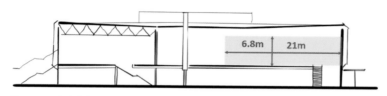

图 4-20　立陶宛考纳斯机场出发大厅剖面示意，$D/H=3.1$

2）分层式到达大厅（$3.5<D/H<5$）

分层式到达大厅通常设置在一层，其净高为地面完成面到上层楼板的底面吊顶的距离，通常为 3.5 ～ 5m，相对上层出发大厅的净高更小，所以其 D/H 值会集中在 3.5 ～ 5 之间。在这样的空间中，虽然较小的 D/H 值会更有利于获取视觉信息，但有限的净高会给人带来更多的压抑感，如果净高过低，获取信息时的视觉感受也会受到一定的影响。（图 4-21，图 4-22）

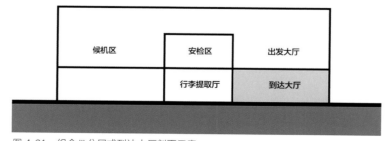

图 4-21　组合 Ⅲ 分层式到达大厅剖面示意

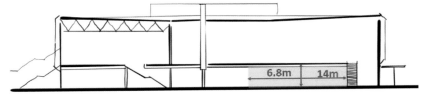

图 4-22　立陶宛考纳斯机场到达大厅剖面示意，D/H=4.2

　　综合上述分析，由于出发大厅与到达大厅的常见进深为 15 ～ 24m，对于组合 I、组合 II 的并列式大厅，建议室内平均净高宜设置为 10 ～ 16m；在组合 III 的分层式大厅中，建议上层空间平均净高设置为 6 ～ 10m，下层宜设置为 3.6m 以上，此时旅客能感受到空间的开阔感，也能便捷地查看标识与各类信息。

4.2.2　安检区的空间尺度研究

4.2.2.1　平面尺度

　　一层半式航站楼的安检区面宽一般根据安检机数量而定（一台安检机面宽约 5m），进深通常为 16 ～ 20m，见表 4-6。

表 4-6　国内外支线机场航站楼安检机数量与安检区面宽、进深对比

机场名称	安检机数量（个）	面宽 W（m）	进深 D（m）
神农架机场	2	10	16
大同云冈国际机场	4	18	14
西藏定日机场	4	18	18
沧源佤山机场	3	13.3	20
澜沧景迈机场	5	20	18

机场名称	安检机数量（个）	面宽 W（m）	进深 D（m）
蚌埠机场	8	34	18
上饶三清山机场	3	15	10
岳阳三荷机场	2	10	10
呼伦贝尔海拉尔机场	8	16	21
格鲁吉亚新机场	3	16.5	10
智利拉阿劳卡尼亚机场	2	9	10

4.2.2.2 剖面尺度

安检区需要满足大量旅客迅速完成安检的需求，所以不仅在水平方向上有一定的宽度要求，在高度上也不能太低，否则给人的感觉会过于压抑。安检区在不同位置有着不同的空间高度，本节将其分为下置式与上置式进行讨论。

1. 组合 I：下置式安检区

组合 I 中的下置式安检区，其顶部二层为商业区或者近机位候机厅，为了满足旅客基本的空间需求，净高需要设置为 3～4m，比如上饶三清山机场安检区净高为 3.7m，蚌埠机场安检区净高为 3.6m。总体来看，下置式安检区的 D/H 值通常在 4～6 之间。（图 4-23～图 4-25）

2. 组合 II、组合 III：上置式安检区

组合 II、组合 III 的上置式安检区顶部没有楼板，只有安检隔间的分隔板，其净高可以直接算到吊顶位置（图 4-26），只需将其分隔板材高度控制在 2.5m 左右，能够满足清晰识别各类标识的需求即可，所以其深高比在 6～8 之间。比如呼伦贝尔海拉尔机场（图 4-27）和美国诺曼·峰田圣何塞国际机场，其安检区都在二层平台之上，净高都可算至屋顶，所以只需满足安检隔间和

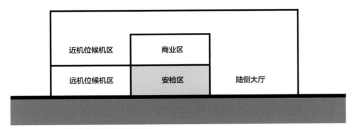

图 4-23　下置式安检区剖面示意

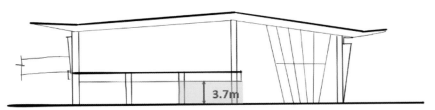

图 4-24　上饶三清山机场下置安检区剖面示意，净高 H=3.7m

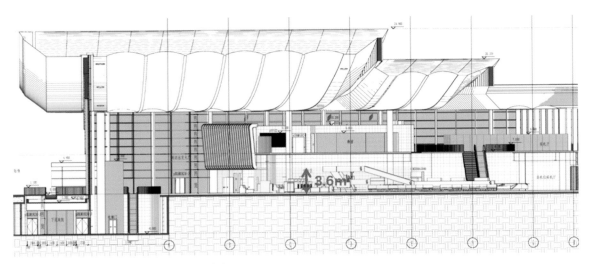

图 4-25　蚌埠机场下置式安检区剖面示意，净高 H=3.6m

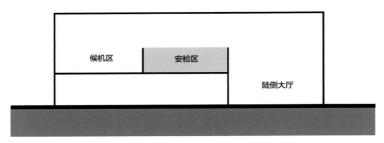

图 4-26　上置式安检区剖面示意

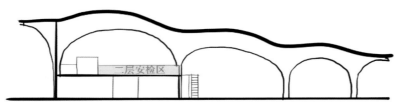

图 4-27　呼伦贝尔海拉尔机场上置式安检区剖面示意

标志识别的高度需求。

　　综合上述分析，笔者建议，对于组合 I 的下置式安检区，平均净高宜设置为 3 ～ 4m，便于旅客快速通过安检区；对于组合 II/ 组合 III 的上置式安检区，应控制其分隔板材高度在 2.5 ～ 3m，满足辨认各类标识的需求。

4.2.3　候机厅的空间尺度研究

4.2.3.1　平面尺度

　　航站楼候机厅平面的布置与航站楼流线组织相关，候机厅进深一般为 12 ～ 20m，面宽一般与航站楼相同，二者的比值集中在 1 ：1 ～ 1 ：3。表 4-7 列出了国内部分机场航站楼候机厅的面宽、进深。

表 4-7　国内外支线机场航站楼候机区域面积及形式对比

机场名称	候机区面积（m²）	候机形式	面宽 W（m）	进深 D（m）
神农架机场	550	单侧	45	12
大同云冈国际机场	1400	单侧	110	12
西藏定日机场	430	单侧	20	18
沧源佤山机场	1750	单侧	152	12
澜沧景迈机场	1900	单侧	180	11
蚌埠机场	5900	单侧	265	25
上饶三清山机场	1250	单侧	62	20
岳阳三荷机场	690	单侧	54	12.6
呼伦贝尔海拉尔机场	2020	单侧	117	18
新西兰纳尔逊机场	720	单侧	28	26.2
格鲁吉亚新机场	620	单侧	32	18
智利拉阿劳卡尼亚机场	1050	单侧	95	14

4.2.3.2　剖面尺度

候机厅可以细分为座椅区和通行区两部分，且通常二者都被设置在同一个大空间之中。候机厅剖面设计不仅要保证座椅区舒适的空间尺度，还需要让在通行区的旅客获得适宜的观察视角。

在一层半式航站楼中，近机位候机厅一般设置在上层，旅客通过登机廊桥登机；远机位候机厅一般设置在下层，旅客通过摆渡车登机。旅客在上、下层候机厅的空间体验不同，所以在此对两种类型分别进行讨论。

1. 近机位候机厅

上层近机位候机厅因其净高为二层楼板完成面至屋顶吊顶的距离，其视觉与空间感受都会较为开阔（图4-28）。通过对多个案例的数据进行对比研究，可以发现其剖面的 *D/H* 值集中在 2～3.5 之间，净高为 5～9m，如表4-8、图4-29～图4-31所示。这给通行区的旅客带来了开阔的视野，便于其识别信息、判断位置；而在座椅区的旅客，由于座椅提供了一定的空间范围限定，也能获得安定感和围合感。

表4-8　国内外支线机场航站楼近机位候机厅剖面尺度对比

机场名称	候机形式	进深 D（m）	室内最大高度 H_1（m）	室内最小高度 H_2（m）	室内平均高度 H_3（m）	进深方向剖面比例 D/H_3
新西兰纳尔逊机场	单侧	30.4	10.5	6.8	8.65	3.4
立陶宛考纳斯机场	单侧	19.6	6.8	6.8	6.8	2.9
智利拉阿劳卡尼亚机场	单侧	10.4	5.6	4.8	5.2	2
岳阳三荷机场	单侧	16.4	5.6	4.8	5.2	3.1
上饶三清山机场	单侧	21.2	6.2	5.4	5.8	3.65
呼伦贝尔海拉尔机场	单侧	20.5	10.6	5.1	7.85	2.6
西藏定日机场	单侧	20.6	16.1	11	13.55	1.8
蚌埠机场	单侧	21.8	6.9	6.3	6.6	3.3

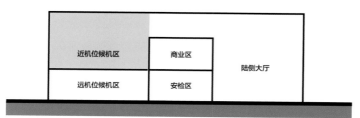

图4-28　上层近机位候机厅剖面示意

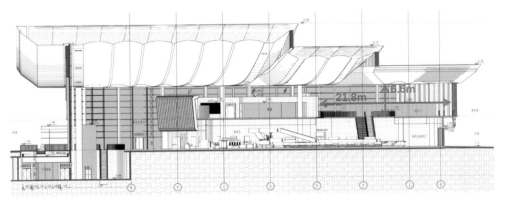

图 4-29 蚌埠机场上层近机位候机厅剖面示意，D/H=3.3

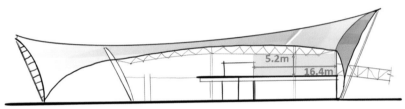

图 4-30 岳阳三荷机场上层近机位候机厅剖面示意，D/H=3.1

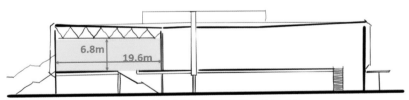

图 4-31 立陶宛考纳斯机场上层近机位候机厅剖面示意，D/H=2.9

2. 远机位候机厅

下层远机位候机厅由于楼板的层高限制，其净高常为 3 ～ 5m。但为了保证旅客的空间体验，其进深 D 通常不会太大，座椅区和通行区的面积都比上层近机位候机区更小，所以整体的 D/H 仍然能保持在 2.5 ～ 4，如表 4-9、图 4-32 ～ 图 4-34 所示。

表 4-9　国内支线机场航站楼远机位候机厅剖面尺度对比

机场名称	候机形式	进深 D（m）	室内最大高度 H_1（m）	室内最小高度 H_2（m）	室内平均高度 H_3（m）	进深方向空间比例 D/H_3
岳阳三荷机场	单侧	18	4.2	4.2	4.2	4.2
上饶三清山机场	单侧	9	3.7	3.7	3.7	2.4
蚌埠机场	单侧	9.5	3.6	3.6	3.6	2.6

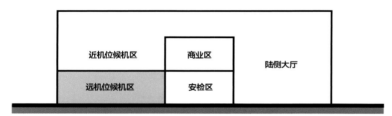

图 4-32　下层远机位候机厅剖面示意

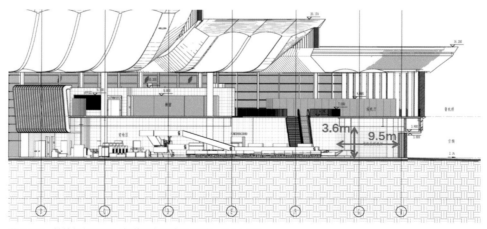

图 4-33　蚌埠机场下层远机位候机厅剖面示意，D/H=2.6

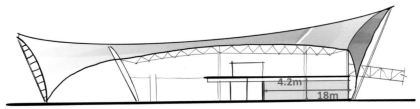

图 4-34　岳阳机场下层远机位候机厅，$D/H=4.2$

综合上述分析，由于候机厅常见进深一般为 12 ～ 20m，笔者建议，上层近机位候机厅的平均净高宜设置为 5 ～ 9m，下层远机位候机厅的平均净高宜设置为 3 ～ 5m，从而保证旅客视野开阔，便于其识别信息、判断位置。

4.2.4　行李提取厅的空间尺度研究

4.2.4.1　平面尺度

航站楼行李提取厅的平面尺度，与行李转盘样式、布置方式和柱网布局相关。航站楼行李提取厅进深一般为 15 ～ 30m，其进深 D 与面宽 W 的比值集中在 1：2 ～ 1：4，如表 4-10 所示。

表 4-10　国内外支线机场航站楼行李提取厅面积、转盘数量对比

机场名称	行李提取厅面积（m²）	行李转盘数量（个）	面宽 W（m）	进深 D（m）
神农架机场	270	1	17	22
大同云冈国际机场	620	2	40	14
西藏定日机场	260	1	22	16
沧源佤山机场	760	2	31	18
澜沧景迈机场	1050	2	42	24

续表

机场名称	行李提取厅面积（m²）	行李转盘数量（个）	面宽 W（m）	进深 D（m）
蚌埠机场	1500	2	51	24
上饶三清山机场	860	2	38.5	21.5
岳阳三荷机场	615	2	30	20
呼伦贝尔海拉尔机场	1280	3	60	20
新西兰纳尔逊机场	460	1	15.2	30.6
格鲁吉亚新机场	540	2	18.6	27.8
智利拉阿劳卡尼亚机场	1100	2	60	22

4.2.4.2 剖面尺度

在行李提取厅中，旅客的首要目的是快速获取信息并尽快在行李转盘上提取行李，所以行李提取厅剖面进深与高度比值 D/H 宜大于 3。在对大量一层半式航站楼的案例（表 4-11）进行数据分析后，本书将其分为两种情况进行讨论。

表 4-11　国内外支线机场航站楼行李提取厅剖面尺度对比

机场名称	进深 D（m）	室内最大高度 H_1（m）	室内最小高度 H_2（m）	室内平均高度 H_3（m）	进深方向剖面比例 D/H_3
美国诺曼·峰田圣何塞国际机场	30	5.1	5.1	5.1	5.9
立陶宛考纳斯机场	13.2	3.3	3.3	3.3	4
智利拉阿劳卡尼亚机场	28	5	5	5	5.6
新西兰纳尔逊机场	16.8	4.2	4.2	4.2	4

机场名称	进深 D（m）	室内最大高度 H_1（m）	室内最小高度 H_2（m）	室内平均高度 H_3（m）	进深方向剖面比例 D/H_3
岳阳三荷机场	18	4.2	4.2	4.2	4.3
呼伦贝尔海拉尔机场	16.8	5.2	5.2	5.2	3.2
西藏定日机场	17.4	2.6	2.6	2.6	6.7
蚌埠机场	20.7	3.6	3.6	3.6	5.8
澜沧景迈机场	24.3	4.5	4.5	4.5	5.3
沧源佤山机场	18	4.8	4.8	4.8	3.8

当 D/H 大于 3.5 时，旅客在行李提取厅中横向视野更开阔，易于观察相应指示牌，行李转盘区域也能有更多等候空间来容纳排队提取行李的旅客，所以此类行李提取大厅的 D/H 值常集中在 3.5 ～ 8（图 4-35 ～图 4-37）。但由于底层层高的限制，进深过大难免会使人产生压抑与不适感，所以在设计此类空间时，也需要避免使 D/H 过大。

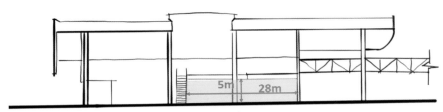

图 4-35　智利拉阿劳卡尼亚机场行李提取厅剖面示意，D/H=5.6

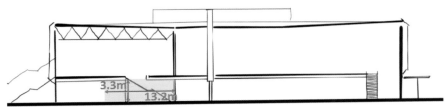

图 4-36　立陶宛考纳斯机场行李提取厅剖面示意，D/H=4

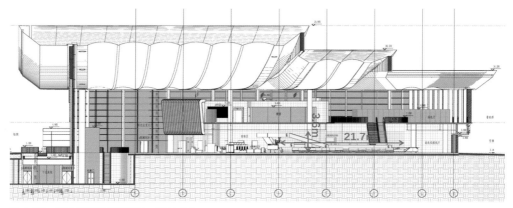

图 4-37　蚌埠机场行李提取厅，D/H=5.8

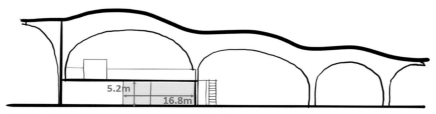

图 4-38　呼伦贝尔海拉尔机场行李提取厅剖面示意，D/H=3.2

　　当 D/H ＜ 3 时，行李提取厅剖面的进深会缩短，在一定程度上会影响旅客对行李信息的获取；此时如果 D/H 进一步小于 2，空间的净高和进深会逐渐接近，不仅人的视野受限、易产生压抑感，行李转盘旁的等候空间也会更加局促。所以行李提取厅的 D/H 值应尽量不小于 3（图 4-38）。

　　综合上述分析，由于行李提取厅常见进深为 15 ～ 30m，笔者建议其平均净高宜设置为 3.6 ～ 5m，这样不仅便于旅客获取行李信息，同时也能保证转盘等候区域的空间舒适性。

5

创新篇

支线机场航站楼的设计创新

随着社会与经济的进步，公众对于航站楼建筑功能品质和空间体验的要求日益提高。此外，国家对民用航空枢纽建设的大力支持为中小型机场航站楼的建设带来了新的机遇。在这一背景下，探索如何提升航站楼设计的整体水平，以及如何发掘航站楼的地域文化特色，已成为航站楼建筑设计领域的关键研究课题。创新性的航站楼建筑设计研究不仅能够推动建筑形态的创新，还能为航站楼建筑设计的理论和技术发展提供新的视角和方法，从而满足现代社会的需求，打造出具有时代性、地域性、文化内涵和良好用户体验的航站楼建筑。因此，航站楼设计的创新已成为当前时期的一项重要任务。

5.1　支线机场航站楼设计存在的问题

虽然一层半式航站楼在未来有着广阔的发展前景，但笔者在研究和设计实践过程中发现，近年来中国支线机场数量在经历爆发式增长的同时，其设计和建设也暴露了许多问题。比如航站楼设计忽略交通建筑气质、缺乏美感、设计表现形式粗浅、同质化严重等。

① 忽略机场建筑的公共属性与交通建筑气质

在现存的中小型机场航站楼中，部分早期建设的项目由于设计单位缺乏机场等交通建筑设计经验，航站楼在立面、体量、材料、细节方面缺乏作为公共建筑与交通建筑的特质，呈现出"不像机场"的问题。

② 造型怪异，缺乏美感

此类问题主要出现在 2000 年后国内中小型支线机场建设增长初期，主要体现在航站楼设计往往追求奇特造型，导致造型与体量设计失衡，手法粗糙，尺度比例失调，最终呈现出造型怪异、缺乏公众认同感与美感的航站楼形象。

③ 滥用拼贴堆砌手法，"为地域而地域"

此类问题多见于各地机场航站楼设计开始强调融入地域文化特色的时期，主要体现在地域特色、地域文化的表现手段过于表面化，如大量的地域符号的拼贴、文化元素的堆砌和地域色彩的滥用，即"为地域而地域"，缺乏对当地文脉的深入挖掘与提取，难以实现文化与造型、空间与体验的高度统一。

④ 同质化严重，千篇一律

此类问题随着越来越多的中小型机场借鉴大型机场设计经验而加剧，主要表现为设计忽视了地域文脉与特点的表达，盲目套用大型机场航站楼设计手法，一味追求大屋顶、曲线形式等，呈现出"千楼一面"的现象。这导致不同地域、气候环境和文化氛围的城市机场航站楼缺乏特色，难以发挥其作为城市名片与旅游窗口的作用。

综上所述，我国中小型机场航站楼的设计建造在很大程度上仍停留在外观形式的具象表达阶段，缺乏本质的创新。同时，极端的地域主义和泛滥的国际主义设计风格导致国内航站楼设计陷入混乱无序的状态，出现了许多造型怪异、风格夸张的设计，使得航站楼失去了作为"空中门户"的重要价值，难以彰显城市形象与文化特质。针对这些问题，我国支线机场航站楼的设计创新研究刻不容缓。

5.2　航站楼创新设计方法及优秀案例

与欧美发达国家相比较，我国民用航空机场的发展相对滞后。发达国家在经历了长期尝试与探索之后，航站楼设计不断进步，实现了突破与创新，无论是设计理念还是建造技术方面都显著领先于我国。鉴于我国民航枢纽建设起步较晚，目前关于航站楼设计的理论研究较少，尤其是缺乏从建筑设计视角出发，以地域特色为切入点进行的专项研究，尚未形成一套系统的创新方法来指导中小型机场航站楼的设计。因此，本节重点分析了国外航站楼设计的成功案例，旨在总结出一些创新性的设计思路和方法，为国内中小型机场航站楼的设计实践提供参考。

本节筛选了 27 个国外优秀航站楼设计案例和 4 个国内优秀案例，通过对这些案例进行系统性归纳与总结，并借鉴其丰富的设计经验，对航站楼的建筑形态、空间布局及细部构造等方面展开多维度的探讨，旨在为我国中小型航站楼的设计实践提供借鉴和启示。下文将从航站楼的外部造型、内部体验和细部营造三个方面展开讨论，探讨创新方法在航站楼设计中的具体应用。

5.2.1　外部造型创新设计

外部造型设计是塑造航站楼整体形象与气质的决定性因素，不仅体现了航站楼的设计理念，也是航站楼对外呈现地域风貌、彰显地域文化特色的关键所在。随着新时代的发展，航站楼造型设计经历了持续的更新与变革，越来越注重标志性与原创性。在这一过程中，对地域文化的深入思考与挖掘成为航站楼创新设计的重要切入点。

创新思路会直观显著地影响航站楼外部造型的设计表达，它不仅是展现航站楼地域文化特质的重要灵感来源，也是设计过程中不可或缺的思考维度。外部造型的创新设计不应仅限于形式上的探索，更应深入挖掘设计背后的逻辑和思路方法。因此，本节重点分析了优秀航站楼案例的设计理念，通过探讨"从概念到形式"的设计思维，从这些案例中提炼出适用于外部造型设计的创新思路。下文将结合案例分析，分别详细阐述"从自然要素出发"与"从人文属性出发"两种创新思路。

5.2.1.1　从自然要素出发的创新思路

自然要素即航站楼所在场地的客观自然条件，包含地理区位、地形地貌、自然气候等多个要素，常常成为许多中小型机场航站楼设计的创作起点。设计师通过重新审视航站楼建筑与自然环境的关系，设计出适宜本土气候、融入自然环境又具有地域特质的创新形式。

以自然要素为出发点的航站楼设计理念呈现出多样性与创造性，包括从自然形态中吸取灵感的仿生建筑、与自然地形和谐共生的地景建筑，以及适应自然气候的新型建筑形式等。这些不同的创作思路最终呈现出丰富多样的航站楼外部造型。本节总结出三种适应于航站楼外部造型创新设计的设计手法：借鉴地形地貌、呼应自然气候，以及仿生抽象形式。

1. 借鉴地形地貌

航站楼设计应该尊重原始地形地貌，强调自然环境与建筑形式的相互融合。场地内独特的自然地形地貌往往成为设计构思的关键起点，建筑师可通过抽象、提炼等手法把当地的地貌特征融入航站楼的造型、材质或肌理，赋予航站楼各异的形态。

案例：西班牙莱里达机场
建筑肌理呼应麦田环境

莱里达机场位于西班牙东北部，是一座规模较小的国际机场。其塔楼和航站楼构成的单层建筑占地约$5000m^2$，周围被莱里达高地的壮丽自然景观所环抱。

鉴于项目的独特地理位置和相对较小的建筑规模，建筑师在追求引人注目的建筑造型与保持标志性特征之间寻求平衡，采取了一种一体化的设计策略，利用两条有力的曲线将塔台与航站楼主体结构融合，营造出一种流畅而连贯的视觉效果。到达大厅及其附属设施的屋顶被设计成向上延伸的形态，与塔台的外表面相接，将水平与垂直元素统一在两幅巨大的"绿色屋顶"之下，塑造出简洁而有力的建筑轮廓。机场的屋顶采用了植被、木材和金属板等多种材料，形成了与周边地貌和谐相融的纹理和色调，从而实现了机场与自然景观的无缝对接。

该机场航站楼以其简洁舒展的外形和具有辨识度的设计，以及与当地地貌紧密相

图 5-1　莱里达机场航站楼外部实景

图 5-2　莱里达机场外立面材料与肌理　　　　图 5-3　莱里达机场与环境融合

连的外部肌理变化，展现了一种既内敛又具有地方特色的建筑形象。这种设计不仅考虑了功能性和美观性，还充分考虑了机场与周边环境的和谐共生。（图5-1～图5-3）

案例：乌拉圭卡拉斯科国际机场
起伏造型与沙丘环境融合

卡拉斯科国际机场位于乌拉圭首都蒙德维的亚，是全国唯一全年运营国际航线的枢纽，年客流量高达200万人次。新航站楼的总建筑面积为45 000m²，其一楼为到达大厅，二楼为出发大厅。

机场坐落于蒙德维的亚海边的沙丘地带，沙丘柔和的曲线及其低调的姿态赋予了设计师灵感。该机场采用室内外一体化设计，屋顶被设计为一个完整又轻盈的外壳，以366m的巨大跨度跨越航站楼，两端与地面直接相接。建筑不仅在外部造型上呼应了周围的沙丘景观，在材料与细部的处理上也极力贴近沙丘的质感。覆盖屋顶的结构采用了三种材料，即屋顶的白色热塑性塑料薄膜、外部面板以及天花的白色钛基乙烯基薄膜，通过对这些材料颜色、细节的控制，航站楼屋顶呈现出无缝、极简的视觉效果。（图5-4，图5-5）

图 5-4　卡拉斯科国际机场鸟瞰照片

图 5-5　卡拉斯科国际机场外立面照片

设计也十分重视当地在出发前与家人朋友道别的传统，因此特别强调公共区域的塑造，包括中央大厅、出发大厅和室外平台。通过对功能和平面的合理布置，设计将内部空间有机地整合在一起，在简单的外部造型之下，给旅客带来了丰富的空间体验。整座建筑根植于周围环境，其空间、功能和结构上的巧妙处理，为建筑赋予了现代感。

2. 适应自然气候

地域气候特征在塑造建筑形态方面扮演着至关重要的角色。由于不同地区的气候条件各具特色，对气候条件及其应对策略的深入考虑往往成为航站楼设计的灵感来源。同时，追求舒适宜人的室内环境并降低建筑能耗一直是建筑创新设计的核心目标。随着绿色建筑和节能设计标准的不断提高，航站楼建筑与当地气候特征相适应显得尤为重要。

案例：印度尼西亚外南梦国际机场
宽大挑檐提供遮阳、开敞式设计增强通风

位于印度尼西亚东爪哇省一小镇的外南梦国际机场，西邻群山，东邻大海，其航站楼的总建筑面积约为20 000m²。该建筑分为两个主要体量，分别容纳出发大厅与到达大厅，以满足不同旅客的功能需求。机场周边的稻田在夏季呈现出一片翠绿，成为飞机降落时迎接旅客的第一道自然景观。航站楼的屋顶被绿色植被所覆盖，从空中俯瞰，建筑与周围的稻田几乎融为一体，营造出一种与自然共生的和谐氛围（图5-6）。机场航站楼宽大的挑檐及顶部的坡屋顶形式来源于当地的特色建筑（图5-7）。超过4m的巨大挑檐能够阻挡强烈的直射阳光，在夏季有效降低室内温度；坡屋顶结合种植屋面的设计，也能吸收部分热量。这种建筑形式不仅带有强烈的地域特征，也是传承了当地有效应对热带气候的建造方法。

图 5-6　外南梦国际机场航站楼外立面实景

图 5-7　外南梦国际机场航站楼剖面关系示意

航站楼立面采用了开敞式设计，外立面采用垂直百叶窗进行围合，既促进了空气流通，又有效地调节了光照。这种手法还能引入室外景色，让旅客在等候休息的同时能够亲近自然。在平面布局上，航站楼引入中庭及边厅空间，配合水景元素，即使在热带高温气候下，也能营造出凉爽舒适的室内环境。这种强调开放性和自然元素的设计，为航站楼增添了独特的视觉魅力。

案例：摩洛哥盖勒敏机场

简洁体量减少建筑能耗、植入光庭调节自然气候

盖勒敏机场位于小阿特拉斯山脉南部，靠近撒哈拉沙漠的西北边缘，作为通往沙漠的重要关口，该机场对附近的军用机场进行了整合，并建设了一座面积约 $9000m^2$ 的航站楼。项目的设计理念强调简洁、高效、节能、灵活和可扩展性，以应对当地的极端自然环境。建筑采用简约的长方体形态，与沙漠的自然景观和谐相融，同时利用直线形态与沙丘曲线的对比，突出沙漠的自然美。（图5-8）

图 5-8　盖勒敏机场航站楼及其周围的自然环境

图 5-9　盖勒敏机场航站楼幕墙穿孔金属板

为了在沙漠气候中实现良好的采光和室内温度控制，航站楼设计采用了双层外壳结构，内层为玻璃幕墙，外层为彩色穿孔金属板，这些金属板不仅能阻挡太阳辐射，还形成了缓冲区域以降低室内温度。金属板的设计灵感来源于摩洛哥传统装饰，同时反映了周边环境的色彩（图5-9）。此外，建筑内部的中庭空间的设计不仅增强了自然采光，还有助于调节室内微气候，降低能源消耗，顶部膜结构覆盖实现了遮阳与采光的平衡。总体而言，盖勒敏机场的设计充分考虑了当地气候与环境特点，体现了对自然环境的尊重和对可持续发展的追求，实现了功能性与美观性的统一。

3. 仿生抽象形式

仿生设计汲取自然界生物体的功能组织和形态构成原理，研究其科学构造规律，并将这些原理应用于建筑设计之中，以追求更高效的结构设计和功能布局。在当代航站楼建筑设计中，仿生设计手法已被广泛采用，成为丰富建筑形式和提升设计创新性的重要途径。

机场建筑与飞行、运动、速度等概念紧密相连，因此，自然界中生物的动态特征往往成为设计的灵感来源，其中又以飞鸟尤为典型，其飞行姿态和动态特性不仅启发了飞机的发明，也常常被航站楼设计所借鉴，创造出既美观又实用的建筑形态。

案例：俄罗斯格连吉克机场

模拟鸟类飞行转向的动态

Fuksas事务所负责设计的格连吉克机场航站楼，其总建筑面积达$7800m^2$，预计每年旅客接待量将超过100万人次。该航站楼的设计灵感源自对鸟类飞行时的转向动态的模拟，这种设计理念体现了仿生学在建筑中的应用。机场的建筑形态模仿了鸟类在空中优雅转动的姿态，通过流畅的曲线和动态的结构，塑造出轻盈且富有动感的建筑造型（图5-10）。正是由于这种设计的独特性和创新性，格连吉克机场航站楼已经成为城市的重要地标，象征着人类与自然和谐共生的现代建筑理念。

航站楼内部空间设计巧妙地融入了当地自然元素，将"大海和风"作为空间意象，采用参数化设计，创造出一个富有诗意的空间。屋顶采用了白色三角形复合板材料，这些板材在天花板上构成了一个模拟风吹海面、海浪起伏的动态场景，从而形成既具有观赏价值又充满诗意的屋顶景观（图5-11）。

与传统的机场设计模式不同，格连吉克机场航站楼的设计利用了创新的手法与技术，探索了人工与自然、功能与美学的平衡。这种实验性的设计方法不仅为未来的机场建筑设计提供了新的思路，也为整个建筑行业带来了新的视角和可能性。

图 5-10　格连吉克机场全景

图 5-11　格连吉克机场航站楼天花板透视图

案例：浙江丽水机场

模拟鸟类展翅待飞的姿态

丽水机场由MAD建筑事务所设计，为典型的一层半式航站楼，总建筑面积约为12 000m²。该机场预计将于2024年完成建设，每年将服务超过100万名旅客。航站楼设计灵感源自鸟类展翅待飞的优雅形态，其设计团队巧妙地构建了一个模仿鸟类翅膀的建筑结构，营造出轻盈而流畅的视觉效果。航站楼的外观设计宛如鸟翼般向上舒展，呈现出一种蓄势待发的动态美感。（图5-12，图5-13）

丽水机场室内外一体化设计巧妙地实现了航站楼形式与功能的和谐统一。其银白色的铝板屋顶向外伸展，打造出一系列连续的挑檐空间，为车道落客区的乘客提供了遮阳和避雨的便利条件。在屋顶的高耸处设计了采光天窗，有效地将自然光引入室内，从而提升了空间的明亮度和舒适度。该设计在尊重自然、应用仿生学原理的基础上，精心打造了一座融合艺术美感和实用性的标志性建筑。

图 5-12　丽水机场外立面正面效果图

图 5-13　丽水机场外立面侧面效果图

　　本节阐述了从自然要素出发的创作思路，并提炼出三种创新设计策略：第一，借鉴地形地貌的特有属性；第二，呼应并适应自然气候的变化；第三，运用仿生学原理进行建筑形态的抽象化设计。这些策略不仅为航站楼设计引入了全新的视角和方法，还能为设计赋予鲜明的地域特征，有效地应对当前设计中广泛存在的同质化现象。此外，这些策略的实施进一步强化了航站楼与自然环境的和谐共生关系，增强了建筑的生态适应性，使航站楼成为展示环境友好设计理念的重要范例。

5.2.1.2　从人文要素出发的设计思路

　　人文要素在航站楼设计中扮演着不可或缺的角色，涵盖了时代特征、社会背景、当地历史文脉以及风土人情等多个方面。这些要素共同作用，使得设计方案能够呈现出鲜明的地域文化特色，进而打造出充满独特地域氛围的空间，成为城市文化的展示窗口。那些仅注重基本功能而忽视人文属性的航站楼设计，往往显得缺乏生命力。反之，若设计过程中充分考虑并融入文化要素，便能够为航站楼注入更为丰富的文化内涵和精神价值，从而激发旅客的情感共鸣。因此，深入挖掘并精准表达地域文化，已经成为航站楼创新设计的核心议题。

本节通过案例研究，提炼了文化元素在航站楼外部造型设计中的集中表达方式，包括"文化符号的抽象表达"和"地域文化的空间隐喻"两种设计手法。

1. 文化符号的抽象表达

文化符号作为传统文化的载体，通常表现为具有精神象征意义的视觉图像。在航站楼建筑设计中，这些符号往往体现为传统建筑的风格特征、地域特有的文化图腾，以及与宗教信仰有关的色彩与形态。在以人文属性为核心的创新设计实践中，设计师通常采取的方法包括提炼当地文化元素、将文化符号抽象转化为建筑形态，以及利用当地文化中的独特空间原型和材料，创造出蕴含地方文化特色的航站楼新形态。

此外，在运用文化符号时，应避免简单的复制与拼贴，而是应当对其进行抽象化处理、解构重组以及深度诠释。这种抽象化的表达手法不仅能够激发观者的想象力，还能够唤起乘客对航站楼所蕴含文化的共鸣，它代表了一种高级且富有内涵的设计表达方式。

案例：山西大同云冈国际机场 T2 航站楼

"大屋脊"彰显山西独特地域气质

2013年建成的大同云冈国际机场T2航站楼，建筑面积为$10\,854m^2$，年旅客吞吐量达90万人次，成为国内具有代表性的中小型支线机场航站楼之一。该航站楼的设计提出了"大同屋脊"概念，旨在提取和转译山西传统建筑元素，并通过现代化、抽象化的手法将这些元素融入现代航站楼设计中，从而形成了既具有山西地域特色又展现新时代面貌的航站楼主体形象。

航站楼外部造型采用"大屋脊"设计形式，实现了空间功能、结构和外观的和谐统一。其外立面彰显了山西古城的庄重气质（图5-14），内部的退台式设计则营造出独特的空间体验（图5-15）。人字形金属桁架支撑着巨大的屋脊，从两侧延伸至地面，陆侧长坡屋顶为车道边缘提供了遮雨的空间；空侧短坡屋顶有利于延伸候机旅客视线，也方便布置登机廊桥，从而实现了建筑形式与空间功能的契合。总体而言，大同云冈国际机场T2航站楼的设计通过对传统屋顶元素的抽象提取，既传承了地域文化，又彰显了时代特色，体现了建筑与文化的完美融合。

图 5-14　大同云冈国际机场 T2 航站楼外立面实景

图 5-15　大同云冈国际机场 T2 航站楼陆侧室内空间

案例：湖北神农架机场

借鉴神农传说意象的外部造型

2013年竣工的神农架机场航站楼，是国内典型的小型支线机场航站楼，建筑面积为4000m²，年旅客吞吐量达到25万人次。其设计理念深受当地神农文化的影响，通过现代建筑手法展现了独特的地域特色和文化内涵。

航站楼的设计灵感源自"架木为屋"的神话传说，将三角形构架的抽象元素运用于屋顶的造型设计中，为建筑赋予了精神象征意义。木质的三角折板金属屋面不仅与周边连绵的山脉相映成趣，还彰显了传说的神秘文化魅力。建筑立面的三角对称设计，营造出强烈的视觉冲击力，为抵达航站楼的旅客留下深刻的第一印象，使其能在候机体验中感受神农构木的文化内涵，产生对神农文化的共鸣。（图5-16，图5-17）此外，屋面的自然木色也延续到航站楼内部空间中，使"构木"的设计理念得到一以贯之的体现，实现了空间的一体化设计。

图 5-16　神农架机场航站楼正立面实景

图 5-17　神农架机场航站楼屋面造型细部

2. 地域文化的空间隐喻

建筑作为文化的物质载体，扮演着传承历史与文化传统的关键角色，作为城市空中门户的航站楼更应重视文化的继承与表达。不同国家和地区均拥有其独特的人文历史、神话传说和传统建筑风格。建筑师可以通过对这些文化意象进行提炼，抽象出其独特的空间特征和文化内涵，进而将这些元素以委婉而含蓄的方式融入航站楼空间设计中。

地域文化的空间隐喻不仅是对空间本土气质的深刻表达，也是机场与所在地域环境有机融合的表现。这种设计手法使得航站楼空间形象的产生带有主观色彩，也能激发人们对空间形象来源的想象，同时为空间注入地方精神和文化寓意。

案例：菲律宾麦克坦 – 宿雾国际机场 T2 航站楼
根植于本地文脉的建筑造型

麦克坦–宿雾国际机场是菲律宾第二大机场，其T2航站楼是在原来T1航站楼旁扩建而成，建成后每年能为超400万人次旅客提供服务。虽然该航站楼的规模远大于一般中小型机场的航站楼，但其根植于传统文脉的设计手法对中小型机场航站楼仍具有一定的借鉴意义。宿雾是菲律宾的热门度假胜地，机场航站楼是重要的旅客迎送门户，不仅承担交通建筑的功能，还能展示当地文化特色。其设计灵感源自当地特色的热带大寨，它以高耸的坡顶和低矮的屋檐为主要特征，能有效适

图 5-18　麦克坦 - 宿雾国际机场 T2 航站楼透视图

应当地炎热多雨的气候，为室内创造更舒适的环境（图5-18）。

航站楼一层采用钢筋混凝土结构，二层采用传统的木结构，易于建造且轻便。屋顶巨大的木梁通过铰接与一层的钢筋混凝土基座相连，轻质的木结构和设计允许一定程度的节点错动，提高了建筑抵御台风和地震的能力。连续的木质拱顶为机场增添了温暖的色彩，使该机场航站楼与其他交通建筑有所不同，呈现出温馨的氛围，让旅客在抵达时感受到度假的气氛（图5-19）。

图 5-19　麦克坦 - 宿雾机场 T2 航站楼内部空间

上述从人文属性出发的创新设计思路，包含了两种具体的设计策略：其一是对文化符号的抽象表达，即将具有特定寓意的文化符号进行提取和转译，运用到建筑形式、色彩和肌理中，例如中国湖北神农架机场将神农构木的手法抽象为三角折板的航站楼造型元素；其二是地域文化的空间隐喻，即提取地域文化内涵和精神寓意，在航站楼的空间设计中以隐喻的形式表达出来，这种设计手法更加委婉而含蓄。

5.2.1.3 外部造型创新设计方法总结

5.2.1 节总结了支线机场航站楼外部造型设计的两种创新思路：一是从自然要素出发的创作思路，通过借鉴地形地貌、回应自然气候、对自然事物进行仿生抽象等设计手法，创造出与自然和谐共生、相互对话的航站楼外部造型；二是从人文属性出发的创新思路，运用文化符号的抽象表达与地域文化的空间隐喻两种设计方法，创造出具有地域文化特质的航站楼外部造型。这些创作思路受到设计主体与客体的影响，具有丰富性与灵活性，在设计实践中，不应局限于上述两种设计思路。

外部造型不能脱离空间功能而存在，因此，除了关注航站楼的外部造型之外，对建筑内部空间与旅客体验的关注更是实现创新设计的关键。下文将围绕航站楼内部体验的创新设计方法展开论述。

5.2.2 内部体验创新设计

航站楼的内部空间体验主要受其基本功能（如值机办票、安检、候机、行李提取等）的影响。随着社会的发展和人们生活方式的改变，仅仅具备基本功能的航站楼已经无法适应时代的需求，航站楼的设计重心应逐渐从功能转向审美、文化和空间体验等方面。这种转变要求建筑师不仅仅关注功能性布局，还要在空间设计中融入美学考量和文化特色，以提升旅客在航站楼内部的感知和体验。

本节通过研究航站楼内部空间创新的设计案例，总结出三种设计策略：新功能植入、自然生态植入和文化体验植入。这些策略旨在为航站楼设计实践提供借鉴与参考，激发更多创新设计的可能性。

5.2.2.1 新功能植入

机场航站楼主要功能空间一般包括出发大厅、值机办票区、安检区、候机区、贵宾区、到达廊道、行李提取厅、行李处理区和到达大厅等，简单将这些功能空间布置在机场内部会导致空间体验单调乏味，缺乏创新性。

本节通过案例分析，总结了航站楼设计创新中几种新型功能空间的应用可能性，例如：引入景观空间，使旅客可以在航站楼的观景台上观赏飞机的起降；引入艺术与博览空间，让人们在"空港博物馆"中探索与航空相关的知识，或者在机场享受类似美术馆坡道漫步的体验；引入新型商业与休闲空间，改变机场常见的忙碌紧张氛围，使旅客在机场感受轻松氛围；或引入交流与互动空间，让旅客在特定的送别空间中与亲友共度起飞前的温馨时光。这些新功能空间在满足航站楼基本使用功能的同时，还能使航站楼内部空间变得更为人性化，极大提升使用者的出行体验。

1. 观景功能

机坪上的飞机起降景观是独特而引人注目的。通常情况下，只有登机的旅客可以透过落地窗欣赏这一壮观景象。然而，一些建筑师通过引入创新的设计理念，为非旅客人员也提供了欣赏这一景观的机会。他们在航站楼内部设计了专门的室外观景台，让人们可以近距离观赏飞机的起降过程，并将观景台与简餐厅结合，创造了独特的用餐体验。

由此可见，建筑不应该成为限制人们获得丰富空间体验的障碍，而应该成为引导人们获得更佳体验的媒介。在满足安检要求的前提下，航站楼设计应该尽量保持开放，将与飞行相关的特色景观和观景体验传达给更多使用者。

案例：巴西弗洛里亚诺波利斯国际机场
独立于航站楼主体的观景台

该机场建筑面积约为45 000m²，年客流量约为800万人次，服务于巴西首都及附近一个热门的旅游城市——巴尔内里奥坎博里乌。在阳光最好的夏季，这个城市会吸引来自巴西、阿根廷、乌拉圭、智利和巴拉圭的大量游客来到美丽的海滩边度假，他们之中不乏观测和拍摄飞机的爱好者。

为了满足这些需求，机场航站楼的设计方Biselli + Katchborian Arquitetos建筑事务所在航站楼右侧顶部设置了一个面积约为600m²的观景台（图5-20）。观景台的入口位于一楼室外巴士停靠点旁，通过一个独立的电梯核心筒可快速到达顶部观景台，而无需进入航站楼内部。在这里，人们可以观看跑道和停机坪上的活动（图5-21），还可以租用露台举办各类活动和聚会。这个新颖的观景台成为新航站楼中一个供人们探索航空壮观之美的场所。

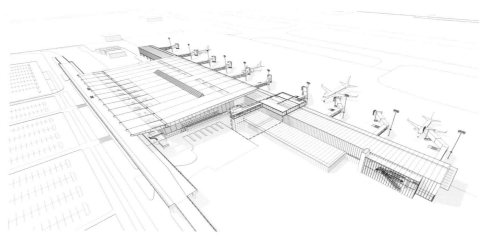

图 5-20　弗洛里亚诺波利斯国际机场航站楼一侧的观景台

图 5-21　弗洛里亚诺波利斯国际机场航站楼的观景台和其上的观景者

2. 艺术与博览功能

　　一般情况下，人们会将艺术与展览功能同美术馆或博物馆联系起来。然而，当这些元素与机场相结合时，将为旅客带来全新的体验。下面介绍的两个案例，一个是位于两座航站楼之间的"空港博物馆"，另一个则是在航站楼内部空间设计中运用了美术馆空间中常见的坡道手法。两个案例都试图将空间漫游的体验引入以高效率为目标的航站楼中。这两个案例具有很高的参考价值，因为它们为以交通、商业功能为主的航站楼增添了教育和娱乐体验。这种将不同功能类型的空间引入航站楼中的尝试，对航站楼内部体验的创新具有极大的启发意义。

案例：日本名古屋中部国际机场

具备科教与商业功能的空港博物馆

　　空港博物馆位于名古屋中部国际机场T1航站楼和T2航站楼之间，是一个通过自动人行天桥与航站楼相连的独立建筑，从两座航站楼步行到博物馆仅需5～10min（图5-22）。在空港博物馆一楼的展览区，旅客可以近距离参观波音787实物，通过实际展品、展板和电影，了解飞机的机械装置以及航空相关工作。在儿童区，孩子们可以在飞机旁的游乐设施里尽情玩耍，观看飞机的起飞降落。二楼的餐厅和商店以波音飞机的发源地西雅图为主题而建造，游客可以品尝正宗的西雅图美食，还可以到波音官方商店购买特色商品。虽然该空港博物馆是一座位于航站楼外部的新型综合商业设施，但其对航站楼功能的创新具有一定的借鉴意义，即为航站楼增加复合功能有助于丰富其空间类型，提升旅客的出行体验。（图5-22～图5-24）

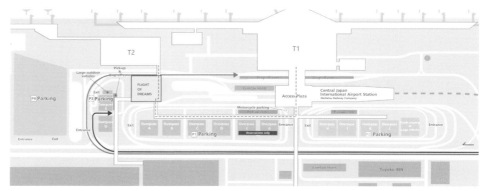

图 5-22　名古屋中部国际机场的空港博物馆位置

图 5-23　飞机实物展品

图 5-24　空港博物馆宣传展示区

案例：美国华盛顿西雅图－塔科马国际机场 D 大厅

提供坡道漫游体验的机场附属建筑

该大厅是一座两层的机场附属建筑，旨在缓解主航站楼乘客的拥堵问题。作为主航站楼和停机坪之间的通道，该建筑包括6个旅客登机口、若干特许摊位和1个儿童游乐区。出发的旅客在主航站楼完成安检和出关手续后，通过一个天桥进入大厅的二楼，将首先看到一条占据大部分空间的坡道，顺着该坡道可缓慢下降至一楼的出发大厅（图5-25）。这条坡道具有平缓、长、曲折的特点，常见于美术馆

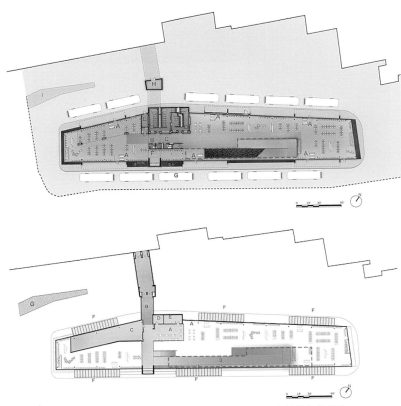

图 5-25　西雅图 - 塔科马国际机场 D 大厅的一、二层平面图和坡道位置示意

图 5-26　坡道和在坡道上漫步的旅客

和博物馆等文化建筑，而不是航站楼这样注重高效的交通建筑。然而，建筑师在这个小型机场附属建筑中尝试运用坡道，以降低使用者行进的速度，让他们在缓慢下降的过程中欣赏周围的景色（图5-26）。这些景色包括精致的建筑内部、或行走或停留的旅客，以及窗外的城市景观。当旅客有充裕时间时，坡道将为他们的候机过程带来一种漫游观赏式的体验。

3. 商业与休闲功能

航站楼内通常会设置连排的购物场所和餐饮商店，此类场所以创造经济效益为主要目的，使用者只能在特定的空间停留。然而，下文的案例提出了一种更加注重休闲放松体验的空间理念：在航站楼中引入一个"品牌中心"，将商业与休闲功能以及地方特色融合在一起。这种"品牌中心"的空间是开放的，通过设置家具而非独立的房间来划分不同区域，并通过适宜的材料运用和室内外一体化设计营造出更为轻松的氛围。虽然这种做法似乎与商业效益相矛盾，但也许在更为轻松的环境中，人们更能体会和理解这类商业空间所要传达的品牌概念，并愿意为之消费。

案例：澳大利亚袋鼠岛机场

植入品牌中心，营造休闲氛围

该机场位于澳大利亚南部著名旅游胜地袋鼠岛，建筑面积约为2100m²，年旅客吞吐量在5万人次左右，是一座地区级小型旅游机场。建筑师在设计航站楼时，尤其注重在有限的航站楼空间内展现袋鼠岛的特色，促进人与自然的互动，并展示岛上居民真实和多样化的日常生活状态。

建筑师在航站楼内设立了一个"袋鼠岛机场品牌中心"，包括厨房、酒吧、艺术画廊和拥有多个舒适座椅的休息区。品牌中心面向阳光明媚的草坪，室内木镶板和室外木甲板相得益彰。在温暖的天气里，窗户可以完全打开，将岛上独特的自然风光引入建筑内部。抵达的旅客在等待前往目的地的出租车时，可以在画廊内参观展示岛上自然生态的摄影作品，对袋鼠岛形成初步印象。而出发的旅客在候机时，可以找个舒适的座位，品尝一杯咖啡，再次感受袋鼠岛的魅力。这座机场建筑成功地传达了岛屿的精神，提升了旅客体验，既考虑到了使用者的需求，又展示了当地生活方式和自然景观的独特魅力。（图5-27～图5-29）

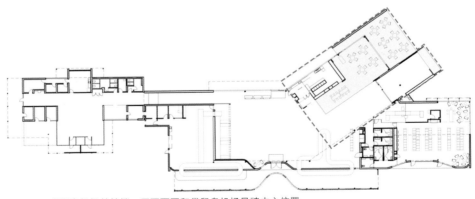

图 5-27　袋鼠岛机场航站楼一层平面图和袋鼠岛机场品牌中心位置

图 5-28　品牌中心面向的草坪　　　　　　　　图 5-29　模糊了室内外界线的休闲空间

4. 互动与交流功能

本节重点关注航站楼中特有的亲友送别场景。在许多国家和地区，人们对亲友陪伴出行与送别的传统非常重视，旅客与亲友道别也成为航站楼非常重要的使用场景之一，在航站楼中设置专门的亲友送别空间也成为一种常见做法。通过下文介绍的两个欧洲机场航站楼案例，我们可以看到亲友送别空间如何成为中小型机场航站楼的空间亮点之一。研究这些案例的目的在于为航站楼设计师提供新的设计灵感，提示他们将机场所在地区的人际关系文化作为空间设计中需要考虑的因素之一。以此为前提，通过研究人们的行为模式，就能够设计出更加人性化的功能空间。

案例：立陶宛考纳斯机场
望向安检区和候机区的顶层亲友送别空间

考纳斯市位于立陶宛南部，历史上曾为立陶宛首都，每年都有数百万欧洲历史文化爱好者来此参观。该机场航站楼总面积为7378m²，年客流量超过100万人次。其航站楼一层是到达层，二层、三层是出发层。航站楼被设计为一个入口边短而侧边长的方形，以满足未来在两侧拓展空间的需要。因此，二层前部迎送大厅的面积被安检区压缩，留给旅客和亲友送别的空间较为局促、封闭（图5-30）。于是建筑师在三层留出一个长条形空间（图5-31），供出行者和亲友度过旅行前的相处时光。要到达这个送别空间非常容易，在连接一、二层自动扶梯平台的对面就是直上三层的开放式楼电梯。长条形空间的前部布置了大量的休息座椅，后部是一间咖啡厅，透过端头的窗户还能看到空侧飞机的起降。在这个送别空间里，人们不仅可以面对面交谈相处，亲友还能向下眺望，一路目送出行者从安检区进入候机大厅。（图5-32）

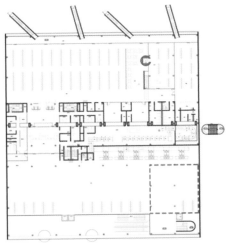

图 5-30　考纳斯机场航站楼二楼局促的迎送大厅

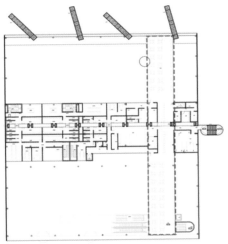

图 5-31　考纳斯机场航站楼三楼亲友送别空间

图 5-32　考纳斯机场航站楼三楼送别空间的休息座椅和向下看安检区视角

案例：格陵兰岛努克机场航站楼

望向候机区的亲友送别空间

该机场位于格陵兰岛的首府努克，建筑面积为9200m²。由于其位置偏僻，交通不便，当地居民一旦出行，往往需要离家较长时间。因此，当地人保留着亲友到机场送别的传统，亲友直到起飞前最后一刻才告别离开。

建筑设计团队ZESO基于"以人为本"的理念，为这座机场的航站楼设计了一个专门的送别空间。从二楼大门进入出发/到达大厅，这里设有咖啡厅、座椅和台阶供人停留。临近登机时间，出行者从一侧进入安检区后，通过自动扶梯下楼到达候机区。在二楼的送别区和一楼的候机区之间，设置了一面巨大的落地玻璃，让送别的亲友能够一路目送出行者登机。他们可以在宁静自然的环境中与出行者告别，享受机场提供的温馨体验。（图5-33，图5-34）

图 5-33　努克机场航站楼的亲友送别空间剖面示意

图 5-34　努克机场航站楼送别场景效果图

通过本节分析的案例，可以看到中小型机场航站楼在功能空间创新方面有多种选择，创新空间的形式也各具特色。

在观景功能方面，观景台或观景空间占用面积不大，适用性广泛，几乎所有航站楼都可以实现。此类空间可结合周围的景观资源，与空侧观景台结合设置，让使用者欣赏自然风光和飞机起降景观，为航站楼增添一大亮点。

对于艺术与博览功能，要使其成为航站楼的体验亮点，单独设置几个展示空间是不够的，设计师需要通过设置特定的空间元素，来实现空港博物馆或艺术馆的概念。比如利用坡道创造漫游观览的体验，或利用通高空间结合夹层，创造使用者与大型展品互动的可能性。再者，在流线设置上，也应将艺术与博览区设置在非候机区的其他主要流线上，使出行者及接送机者都能参与其中。

关于商业与休闲功能，建议航站楼业主和设计师充分沟通，共同挖掘地方特色，为机场明确品牌定位，再设置体验型商业空间，以实现更好的宣传效果和更高的商业收益。

针对互动与交流功能，虽然上文中的亲友送别空间源自国外机场案例，但这种人性化的空间同样适用于国内。一般情况下，到机场送行的亲友只能停留在充满办票柜台而缺乏休息座椅的出发大厅，在安检区门前与旅客匆匆道别。如果航站楼能在出发大厅设置夹层，让亲友在此目送出行者通过安检，或是让出发大厅与候机区之间产生视线的联系，便能带来更加温馨的离别体验。

除了本节所述的四种功能，设计师还应当从当地的自然环境和人文特色中寻找更多可能性，不断推动航站楼设计的功能空间创新，丰富全球旅客的出行和到达体验。

5.2.2.2 自然生态植入

现代航站楼设计十分注重自然生态理念，相关设计要素涵盖周边环境、自然景观、生态气候、采光通风等方面。本节重点关注自然生态理念在航站楼内部空间设计中的创新运用，通过分析国内外优秀案例，提炼出可供借鉴的具体设计策略，包括对景渗透、引入自然、光影营造等。这些巧妙的空间策略可以促进旅客与自然的互动，从而带来内部空间的创新体验。

1. 对景渗透

在航站楼设计中，建筑师可以通过对景、框景、留白等设计手法，将周边优美的自然环境引入室内，创造独特的视觉互动和观景体验。这种设计方法让旅客能够与自然环境产生互动，享受自然带来的愉悦体验。例如，直布罗陀机场成功地将周边岩石美景引入航站楼内部空间，展现出与自然对话的巧妙设计构思。

案例：直布罗陀机场
朝向岩石自然美景的航站楼

直布罗陀机场新航站楼的建筑面积为20 000m²，设计年旅客吞吐量为100万人次。该机场地理位置独特且复杂，四面环境限制较多。建筑师充分利用机场背靠的岩石景观资源，使航站楼空侧面朝壮丽的岩石美景，并设计了宽敞明亮的空侧屋顶露台作为候机休息空间的延伸，供旅客欣赏对面的岩石美景，从而创造出与自然互动的航站楼建筑。航站楼屋顶造型灵感来源于大海上的帆船，宽阔的屋檐提供遮阳功能，而玻璃幕墙满足了航站楼室内的自然采光需求，同时保证视野通透，提供开阔的景观视野。旅客在室内候机时，可欣赏到如画的岩石美景，也可走到室外沐浴阳光、互动交流，最大限度地享受自然风光。上述一系列对景渗透的设计手法赋予了直布罗陀机场独特的观景体验和地域特色。（图5-35，图5-36）

图 5-35　直布罗陀机场航站楼外部造型

图 5-36　直布罗陀机场航站楼室内外对景

2. 引入自然

自然生态理念在航站楼设计中扮演着重要角色，建筑师通常会从外部造型、环保材料和降低能耗等方面入手来实现绿色生态设计。此外，还可以考虑从航站楼的功能使用和空间模式等方面引入自然，从而为航站楼设计提供创新的方向和思路。

在特定气候条件下，将生态功能融入空间设计可以带来航站楼空间模式的创新。引入自然生态庭院空间不仅可以有效调节室内微气候，还可以为旅客带来独特的花园式候机体验。研究发现，国外中小型机场航站楼普遍采用了引入生态功能的空间设计方法，而国内航站楼也在积极探索通过"引入自然"实现空间创新的可能性。以下选择了两个植入自然庭院的航站楼设计案例，为创新设计提供新的思路。

案例：以色列拉蒙国际机场

自然沙漠中的一丝绿意

拉蒙国际机场位于以色列南部港口城市埃拉特附近，其航站楼总面积为45 000m²，设计年旅客吞吐量为250万人次，是典型的一层半式航站楼。拉蒙机场被天然沙漠环绕，气候炎热干燥。建筑师从周边提姆纳国家地质公园的蘑菇状岩层中汲取设计灵感，模仿岩石在自然冲刷下逐渐塑形的过程，使建筑外观与环境融合。设计采用硬朗简约的设计语言，坚固的体量也有助于航站楼抵御外部恶劣的自然环境。（图5-37）

航站楼外部造型连续而完整，内部空间则进行了挖空处理，建筑体量被一条蜿蜒的景观带分割成两部分，以区分空侧与陆侧功能区。主体空间中嵌入中心庭院，将天然沙漠景观引入建筑内部，有效解决了航站楼自然采光问题，出发和到达功能围绕着中心庭院布置，使旅客在机场各个功能区域都能欣赏自然景观。（图5-38）此外，机场为了打造沙漠绿洲般的庭院景观，保留并培育了基地上原有的当地植物的种子，并在机场建成后将它们重新移植到原位，让旅客在沙漠之中感受到一片绿意。内部空间的创新设计使拉蒙国际机场成为以色列首个绿色开发的民用机场，为旅客提供独特且宜人的候机环境。

图 5-37　拉蒙国际机场鸟瞰

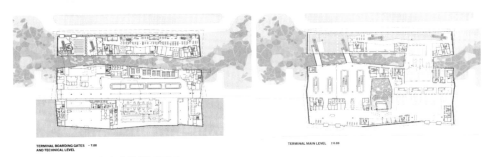

图 5-38　拉蒙国际机场航站楼平面图

案例：江西上饶三清山机场

采光天井营造诗意空间

上饶三清山机场坐落于江西省上饶市，于2017年正式通航。航站楼面积为10 496m^2，年旅客吞吐量为50万人次，是国内典型的一层半式支线机场航站楼。机场坐落于赣东山脉之间，当地亚热带季风湿润气候特征显著，雨水丰沛且水资源丰富。

航站楼以"空山新雨"为设计理念，外部建筑形态与周围自然环境相互呼应，屋顶的起伏线条仿佛对自然山丘风貌的再现。设计师巧妙地构思了三个圆形的自然采光天井，将自然生态引入室内空间，成为连接人与自然的桥梁，让旅客在室内也能感受到四季变换的美景。一层出发大厅的采光庭院十分引人注目，成为旅客进入航站楼后首个印象深刻的节点；二层候机空间紧邻庭院布置，使旅客候机之余可以眺望自然美景。航站楼内部空间与自然天井相互连接，通过抽象的设计手法，在天花板布置了一圈圈灯带，象征着雨滴落在水面上形成的涟漪，营造出充满自然情怀的诗意空间。（图5-39，图5-40）

图 5-39　上饶三清山机场航站楼外部造型

图 5-40　上饶三清山机场内部空间

3. 光影营造

光影营造在航站楼设计中扮演着重要角色，设计师需要精心控制光影效果。除了满足基本的自然采光需求外，灵活运用光线往往可以带来空间体验的创新。航站楼可以通过巧妙的空间设计手法将自然光线引入室内空间，运用细腻的光影效果营造出不同的空间氛围，或创造建筑与光影的互动关系，从而形成独特丰富的旅客体验。例如，西班牙潘普洛纳机场注重屋顶设计与自然光线的韵律美感，而巴西弗洛里亚诺波利斯国际机场则利用倾斜的墙面，向航站楼室内引入光线，打造出具有独特记忆点的创新亮点空间。

案例：西班牙潘普洛纳机场
美术馆式的自然采光

位于西班牙东北部的潘普洛纳机场是潘普洛纳市的中型民用机场，其航站楼为一层半式。航站楼内部空间设置了五个庭院，将不同功能区域巧妙地分隔开来，12m高的中央大厅连接出发、到达、安检和候机空间，成为航站楼最宽敞明亮的公共区域。该航站楼巧妙运用自然采光，通过屋顶天窗的精心设计，实现大面积自然采光效果，并通过光线引导，为旅客营造舒适的室内光环境。屋面采用等比例布置的屋顶单元构件，沿水平和垂直方向交替排布，形成具有韵律美感的自然光效果，同时增添了光影效果的层次感。为了更好地引入自然光线，每个金属构件都精心设计成梭子形状，从天窗洒落的柔和光线搭配暖色屋顶材料，营造出美术馆般温暖舒适的自然光感。在通常情况下，航站楼依靠自然采光即可解决室内照明问题。庭院空间还有助于通风采光和微气候调节，使该航站楼成为低碳环保和绿色设计的典范。（图5-41，图5-42）

图 5-41　潘普洛纳机场航站楼外部造型

图 5-42　潘普洛纳机场航站楼内部空间

案例：巴西弗洛里亚诺波利斯国际机场

利用倾斜墙面引入自然光线

弗洛里亚诺波利斯国际机场设有10个登机桥，采用经典的两层式航站楼设计。航站楼的T形体量由行政区域和出发/到达大厅两个功能体块组成，其中出发大厅是一个双层通高、无柱干扰的通透空间。

建筑师在航站楼内部的布局和装饰上充分考虑了自然光线的运用，尤其是出发大厅内侧的设计别出心裁。倾斜的木纹墙壁不仅巧妙地隐藏了空调管道线路，还与屋顶天窗的折面设计相结合，引导自然光线深入大厅内部，为旅客带来自然采光的舒适体验。这种设计不仅提升了航站楼室内环境的视觉舒适度，还创造出一种光影互动的独特氛围。特别是天窗设置在值机柜台和花园庭院上方，让阳光透过墙面洒下，营造出一幅生动的光影画面，给旅客带来如梦如幻的光影感受。这座航站楼所展现的与光影对话的建筑美学，不仅为旅客带来了视觉上的享受，更让建筑成为时间与艺术的完美融合，为旅客在当地的旅行经历增添了一份独特的魅力。（图5-43，图5-44）

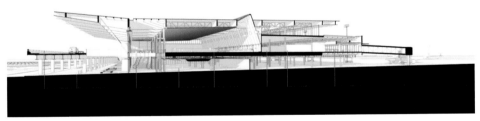

图 5-43　弗洛里亚诺波利斯国际机场航站楼剖面示意

图 5-44　弗洛里亚诺波利斯国际机场航站楼内部光影效果

　　本节总结了航站楼优秀案例中实现"自然生态植入"的三种设计策略：借景渗透、引入自然，以及光影营造。这些设计策略都是通过创造自然元素与内部空间的互动来实现，需要根据具体情况进行合理运用。在借景渗透方面，建议充分利用周边自然景观，通过景观布局、框景设计和留白等处理，实现航站楼室内外空间的视觉延伸与连接。而在引入自然方面，可以通过景观中庭或采光井等将自然元素融入室内空间，为旅客带来身临其境的自然体验。光影营造方面，除了玻璃幕墙，天窗也是实现自然采光并营造光影氛围的重要元素。建筑师可以巧妙运用天窗的设计，结合室内材质和形式，打造独特的光影效果，从而提升空间的品质和舒适度。

　　将自然元素巧妙地融入航站楼内部空间不仅可以提升旅客体验，还能为内部空间注入更多生机与活力，进而激发航站楼空间模式的创新。植物、阳光等自然元素的应用在空间设计中具有重要意义，值得进行深入研究，这也是未来航站楼体验创新的关键方向之一。

5.2.2.3 文化体验植入

文化是一个社会群体所共同认可的价值标准，在建筑中运用文化特征旨在为使用者留下有关当地特定文化的直观印象。不同地域的文化具有不同的特征，这为建筑体验赋予了多样性。下面将通过一个案例来具体说明航站楼设计如何运用文化特征。

案例：阿塞拜疆盖达尔·阿利耶夫国际机场T1航站楼

丝绸之路与"丝茧"形象的文化体验

该机场位于阿塞拜疆首都巴库，T1航站楼建筑总面积约为65 000m²，年旅客吞吐量约为600万人次。阿塞拜疆航空公司作为业主，希望机场反映阿塞拜疆的文化、价值观和人民形象。该航站楼设计团队——Autoban建筑事务所的联合创始人Seyhan Özdemir表示："机场正在迅速成为旅游业中的目的地。它们是欢迎各国旅客到来的最初面孔，在这里你可以得到关于其所在地文化的第一印象。"于是，他为机场室内设计了定制的木"茧"，来体现18、19世纪阿塞拜疆作为丝绸之路国家的重要一员，从蚕种和丝茧贸易中获取财富的历史。在二楼候机区有16个形态类似但不完全相同的木茧空间，它们被赋予了多种用途，包含咖啡馆、酒吧、儿童游乐区、水疗和美容店、音乐书店和行李寄存设施。建筑师还从阿塞拜疆人民的热情好客中获取灵感，将木茧空间灵活摆放，使用者穿行在其中，会产生不断发现新事物的惊喜感，并有许多邂逅他人或折返的机会。成群的木茧将面积较大的候机区消解为尺度更为人性化的多个较小空间，将"以人为本"的精神传递给机场的旅客。（图5-45，图5-46）

图 5-45　盖达尔·阿利耶夫国际机场顶层的木茧

图 5-46　木茧之间的邂逅空间

　　受现代建筑思想影响，当前注重文化体验的航站楼成功案例相对较少。将文化要素融入内部空间时，需要对其高度精练和抽象化的表达，通过转化和整合的方式让人自然感受到文化氛围。应避免直接将文化要素拼贴在空间构件上，以免引起要素堆砌、视觉混乱等违背高效原则的问题。

5.2.2.4 内部空间创新设计总结

在航站楼内部空间设计方面,笔者通过研究国内外优秀案例,总结并提炼出三种创新设计策略,分别是新功能植入、自然生态植入和文化体验植入。

新功能植入的空间策略具有广泛适用性,涉及景观功能、艺术与博览功能、商业与休闲功能,以及互动与交流功能等,每一种功能都能为航站楼带来独特的创新体验。笔者认为,将航站楼常规功能与新型功能复合能够激发新的空间活力,是现代航站楼空间设计创新的重点研究方向。

自然生态植入的空间策略指运用对景渗透、引入庭院以及光影营造的设计手法,创造出与自然生态相关的独特体验。这一策略也具有较强的应用潜力,特别是考虑到自然生态理念在各类现代建筑设计中的重要性,将航站楼与自然体验结合,将成为未来航站楼设计中不可或缺的环节。

文化体验植入的空间策略是将地域文化特色进行空间化表达,创造出当地特有的文化体验。这种手法在应用时需要格外谨慎,因为机场是现代建筑而非传统建筑,应避免直接拼贴传统元素。然而,若能巧妙地将传统文化元素与现代机场空间和功能相结合,就能形成航站楼的创新亮点。

上述案例分析旨在提供一个针对空间创新的框架思路,不应成为一成不变的设计套路。只有根植于具体项目实践,并对地域文化展开深入的挖掘与思考,建筑师才能持续创新。

5.2.3 细部营造创新设计

色彩、材料和建构细部是航站楼设计的重要组成要素,也是影响空间设计效果的关键表现内容。对航站楼色彩、材料和建构等细部的营造,可以为旅客带来生动且直接的空间感知和美学体验,有助于传达设计理念,提升旅客空间体验的丰富性。

通过对国内外优秀案例的研究,笔者将细部创新设计方法归纳为以下三点:色彩的运用、材料的运用,以及构造的运用。下文将从视觉审美和空间感知的角度分别展开,详细探讨航站楼细部营造的创新设计方法。

5.2.3.1　色彩的创新运用

色彩的选择和运用对航站楼的整体效果和空间体验至关重要，它能影响人们对空间的感知与体验，还可以传达设计理念、引导视线、调节情绪和表达文化内涵。巧妙运用色彩可以使建筑呈现出不同的氛围和情感，从而为用户创造出独特而丰富的空间体验。因此，在航站楼设计过程中，色彩应被视为一个重要的设计元素，需要细致考虑和精心运用。下文结合案例研究，总结出适用于航站楼的色彩运用策略，分别从色彩的视觉强化、感知体验、空间引导和文化表现四个方面展开论述。

1. 运用色彩强化空间视觉效果

显眼的色彩具有吸引视线和增强视觉效果的功能，航站楼可以充分利用色彩来突出重要空间，如利用鲜艳的颜色来突出机场的结构部件，让机场的结构特征一目了然，同时也可以活跃空间氛围。

案例：西班牙马德里机场

传递热情与活力的彩色支撑组件

马德里机场规模远大于一般中小型机场，但是它对色彩的运用值得参考与借鉴。该机场航站楼采用了富有张力的Y形支撑柱阵列，支撑起整个波浪状的漂浮屋顶。这些Y形柱阵列成为了独特屋顶下最突出的空间构成元素，建筑师将它们大部分涂上了红色和黄色，少部分则采用了彩虹渐变色。这些鲜艳的色彩不仅突出了机场的结构特征，还将西班牙马德里热情、奔放、充满活力的城市特点传达给到达机场的旅客。（图5-47）

图 5-47　马德里机场航站楼结构组件的色彩运用，黄色主要用在室内空间，彩虹渐变色用在空侧界面

2. 运用色彩强化空间感知

不同的色彩会带来不同的空间感受，并对人的心理和行为产生一定影响。例如，在航站楼大面积使用木材、石材或仿木纹新型材料，会令身处其中的人感到温馨、安全、舒适，黑白灰的工业色调则传达高效简洁的现代气质。

案例：芬兰赫尔辛基机场航站楼

木结构吊顶的绿色建筑

该机场航站楼采用了木质结构吊顶设计。木材以垂直叠加的方式排布于吊顶上，增强了设计的空间感（图5-48），再加上波浪形的形态，使建筑整体从远处看也有独特美感。该吊顶木材选用的是来自当地的芬兰云杉，它不仅具有耐腐朽和不易变形的特性，能保证结构设计的稳固性，还以其独特的柔和色彩、天然纹理传达出一种朴素的原始之美，展现出芬兰这个国家独特的温和气质。机场安检区被赋予了淡蓝色，在整个暖黄色的空间中清晰可辨，使进入出发大厅的旅客第一眼便可以看到远处的蓝色安检区域。在安检区使用蓝色调除了能提高空间的可辨识性，也能够对旅客起到安抚和镇定作用。（图5-49）

图 5-48　赫尔辛基机场航站楼，从室外延伸至室内的层叠状木吊顶

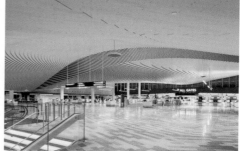

图 5-49　赫尔辛基机场航站楼，暖色木质吊顶与蓝色安检区相接

案例：加拿大魁北克希布加莫 – 查派斯机场新航站楼
高纬度地区温暖的驿站

希布加莫–查派斯机场位于加拿大魁北克高纬度区域，该地区广阔的土地和高纬度的寒冷气候为新建航站楼奠定了基调。新航站楼的设计突出了北方森林的特

色，将当地生产的木材运用其中，建筑整体由玻璃大厅和两侧白色的低矮体量组成（图5-50），候机厅屋顶及四面大量使用胶合木材，塑造了温暖亲切的空间体验。外侧白色体量与周边环境相得益彰，而由木材的淡黄色主导的室内空间在高透玻璃的包裹下，向到访的旅客散发着温暖的气息（图5-51）。

图 5-50　希布加莫 - 查派斯机场，与环境融合的白色体量和散发温暖黄色光线的大厅空间

图 5-51　希布加莫 - 查派斯机场，大量运用木材的室内空间

3. 运用色彩强化空间视觉引导

鲜艳的彩色具有突出视觉重点的作用，大胆运用色彩可以增加旅客的记忆点。通过使用不同色彩来区分不同功能空间，有利于提升空间辨识度引导旅客流线高效运行。目前的航站楼空间色彩大多采用灰、白、蓝色调，符合高效、简洁、国际化的特征，也有一些航站楼大胆使用非常规色彩来营造室内空间，传递独特的感知与体验，有效加深了旅客对机场的印象。

案例：日本成田机场 T3 航站楼连接通道
通过色彩区分不同功能空间

成田机场T3航站楼的空间设计在高效简洁的基础上，利用地面色彩来划分出发和到达旅客流线，以及行李提取厅的通行和等待空间。蓝色代表高效和平静，引导出发流线；暗红色则带来一丝激情和冲动，引导到达流线，二者相辅相成，在客流高峰时段能起到人流引导的作用，两种颜色不同的面积比例也与不同流线上的人流量相匹配。（图5-52）同时，在休息空间使用低饱和度的绿色和蓝色，以缓解候机旅客的焦虑情绪（图5-53）。成田机场对色彩的大胆运用，为原本以高效为主的航站楼增添了更多活力和人文关怀。

图 5-52　成田机场 T3 航站楼连接通道，不同的功能流线用红色和蓝色进行区分

图 5-53　成田机场 T3 航站楼连接通道的休息空间

4. 运用色彩彰显文化特色

　　色彩除了能直观地传达不同的心理意涵、引导人的感受外，本身也常常成为某个地区的民俗文化的象征。在历史、文化、宗教和气候等多重因素的长期影响下，不同国家和地区的文化往往包含独特的、具有象征性的色彩搭配，在航站楼设计中，就可以通过典型色彩及其搭配来展现国家或民族的文化和性格特征。

案例：希腊雅典国际机场

爱琴海的蓝色文明的体现

作为希腊自然与人文地理的重要组成部分，圣托里尼岛是爱琴海上诸岛屿的一个代表，其整体自然景观由蔚蓝的爱琴海、棕色的火山岩以及湛蓝的天空组成，而建筑主体大多为白色调，和谐地融入自然环境之中，同时大量在屋顶、窗框、门牌上使用蔚蓝色，使得建筑与自然环境充分对话，两者相得益彰，充满地域特色。（图5-54）

希腊雅典国际机场给人的第一色彩印象也是"处处皆蓝"：机场的标识系统、公共设施、室内广告、建筑构件等，包括门把手均使用了一种艳而不浮的钴蓝色。这种蓝色不是大面积使用，而是作为点缀应用到室内空间的方方面面，将人们对爱琴海、蓝屋顶、古希腊文明的期待完美地结合在了一起，给旅客最直接的关于希腊文化的视觉感受。（图5-55，图5-56）

图 5-54　圣托里尼岛的蓝色文明

图 5-55　雅典国际机场航站楼的蓝色立面

图 5-56　雅典国际机场航站楼，中灰白基调上各处点缀的钴蓝色

案例：摩洛哥盖勒敏机场

穿孔板营造的光影与地域风情

该航站楼立面采用一系列红橙色系的穿孔板拼接而成，使外部光线在室内投下星星点点的光影，同时配合阳光下色彩的表现力，巧妙地烘托出该地区特有的装饰主题。红、黄色拼接的外立面，与周边红色土地与沙漠的大环境相互呼应，这也是摩洛哥当地城市建筑的主体色彩；在阳光下投射星星点点光影的穿孔金属板本身，则与摩洛哥当地清真寺外墙的镂空图案异曲同工。上述设计使航站楼本身成为摩洛哥城市形象与当地宗教、民俗文化风情的极好代表。（图5-57，图5-58）

图 5-57　卡萨布兰卡的哈桑二世清真寺外墙的镂空穿孔图案

图 5-58　盖勒敏机场航站楼极具民族和地域特色的建筑立面，与建筑外的自然景观和土壤色调相协调

5.2.3.2　材料的创新运用

　　建筑被称为"凝固的音乐"，材料则如同音符，谱写着这首乐曲。建筑材料具有物质性、自然性、时间性和地域性等重要特性，是航站楼设计的物质基础。从历史早期的石材、木材、砖块，到近现代的钢材、混凝土和玻璃，再到当代的新型材料，材料的更新迭代与创新使用始终伴随着建筑技术的发展。在航站楼设计中，材料的创新使用也总是遵循文化与技术的巧妙结合，为航站楼赋予其文化内涵与象征意义，同时引领着航站楼设计的创新方向。

　　航站楼作为现代交通建筑，材料运用上通常以钢材为结构基础，玻璃幕墙为立面，金属面板为实体，以体现现代、简约和高效的建筑气质。然而，随着建筑行业的不断发展，许多航站楼设计过度依赖这些材料。逐渐失去了对地域文化的呼应。

因此，材料创新是航站楼创新设计的重要内容，不同的材料具有不同的质感特征，可以为航站楼空间的使用者带来独特的视觉与触觉感受。巧妙运用材料还可以呼应地域文化特色，创造丰富细腻的观感体验。

1. 材料语言及运用方法的创新

传统材料历史悠久且技术成熟，是具有地域文化特质的材料类型，容易激发旅客的认同归属感。运用新的视角审视传统材料、通过新技术改进传统材料，以及对传统材料进行现代化运用，都可以产生创新的航站楼设计。其中，木材、石材与砖是最常用的传统材料，多用于航站楼室内装饰层面的设计表达，营造出室内空间独特细腻的地域文化特质；钢材、玻璃幕墙、金属面板等现代材料，多用来传达简约、高效的设计语言，混凝土材料则多用于呈现规整的几何形态，塑造仪式感。在设计实践中，一方面可以针对现有材料的物质特性发掘新的使用方式，另一方面，也可以利用多种材料本身物质特性的碰撞来激发创新思维，形成丰富多变的设计效果。

案例：新西兰纳尔逊机场航站楼

大跨度木结构的地域呼应

纳尔逊机场位于新西兰首都惠灵顿，年旅客吞吐量为120万人次，航站楼建筑面积5300m²。其设计以当地木材作为主要结构和室内装饰材料，将航站楼与场地自然景观环境相互融合。建筑师采用大跨度木结构和弹性抗震设计相结合的建筑形式，使纳尔逊机场的材料运用在空港建筑领域脱颖而出，成为可持续机场航站楼建设的典范。屋顶的木制构件设计精良，细节丰富，与规整的建筑平立面形成强烈的视觉对比，令人印象深刻。屋顶表面以航站楼的长轴为主轴，按照一定的模数有规律地起伏排布，与周边自然山脉的背景形成呼应。（图5-59）

室内吊顶的材料是设计的重点，自然的木材元素构件以合理的尺度营造出人与自然和谐共处的舒适氛围。室内主色调温暖而优雅，裸露的木材结构肌理统一，将

图 5-59 纳尔逊机场航站楼立面形象

图 5-60 纳尔逊机场航站楼室内空间照片

复杂的功能空间统一成整体。（图5-60）木材的质感、纹理和颜色传达了尊重自然的设计理念，这一自然材料体现了航站楼与周边森林环境的呼应关系，从而形成一幅建筑与当地自然环境和谐共生的图景。

2. 新材料的实践探索

新型材料的发展为航站楼创新设计提供了更多可能性。目前，建筑材料主要创新方向为人工合成化、仿生化、智能化建筑材料等，但目前这些新材料在机场建筑领域还未被广泛应用，仍有较大的探索空间和广阔应用前景。本小节对使用超高性能混凝土（UHPC）这类新材料的航站楼案例进行介绍，旨在展示新材料在设计实践中的优势，为基于新材料的航站楼设计创新提供更多可能性。

案例：摩洛哥拉巴特塞拉机场
使用 UHPC 装饰构件的航站楼立面

拉巴特塞拉机场航站楼面积为5200m^2，航站楼外部有一面面积达1600m^2、由当地传统文化图案——摩洛哥星形图案组成的立面，它既是建筑的围护结构，又能起到遮阳作用。该立面用含有机纤维的白色混凝土网格面板拼接而成，每块面板宽1.75m，高3.75～5.25m，厚10cm，孔隙率为70%。该项目是非洲第一个使用UHPC的建筑。正是因为使用了这种材料，设计师才能创造出轻盈又立体的网格状面板，使阿拉伯传统建筑的特色图案得以在航站楼立面上展示。（图5-61，图5-62）

图 5-61　UHPC 制作的网状面板构件

图 5-62　UHPC 能在保持结构强度的同时，营造轻盈的表皮效果

5.2.3.3　构造的创新运用

航站楼的构造系统包括建筑各部分的构成方式和各部分相互结合的方式，其设计受到外界环境、使用者的需求、建筑技术条件、项目经济预算等因素的影响，还需综合考虑使用的功能性、造型的艺术性、技术的经济性等设计要点。

航站楼建筑作为公共交通基础设施，满足使用功能是其建构设计的基本出发点，因此多数航站楼设计在构造层面遵循高效单一的制造模式，在建筑经济层面以节约预算为首要目标，但这种通行的设计方法，在一体化设计的高标准下难以实现构造设计的创新。笔者认为，可从使用者的需求层面出发，寻找建构设计的创新点，即在满足基本使用要求和技术经济条件限制的同时，更加注重如文化内涵注入、视觉表现提升、冗余要素去除等层面，从而提高构造设计的全面性、先进性。

优秀的航站楼细部构造创新设计，能够为使用者带来全新的建筑体验。一方面，可以通过对建筑各部分构成方式的设计研究，探索如何消解航站楼的庞大体量，使其空间更贴近人使用的尺度；另一方面，通过对各部分相互结合方式的创新，可使航站楼设计语言更加连贯与丰富，更好地呼应建筑所在环境的本地文脉，并体现该建筑独特的设计主旨。因此建构细部的创新对中小型航站楼创新设计有着重要意义。

案例：菲律宾麦克坦 – 宿雾国际机场 T2 航站楼
木构造建构还原当地民居

麦克坦-宿雾国际机场T2航站楼的设计在充分考虑交通枢纽功能的基础上，设计植根于本地文脉，呼应着菲律宾当地的传统建筑形态。航站楼形似本地传统民居，有着高耸坡顶和低伏侧檐，同时，在航站楼内部建构设计中也体现了从建造层面的地域性呼应。

菲律宾当地传统民居易于建造，可建在地面或浅水之上，上有倾斜的轻质屋顶，下面有1~2m高的柱子支撑，形成架空空间，空气流通性好，并能够防止洪水、蛇和昆虫。航站楼屋顶建构也形似当地传统民居，由连续的跨度达30m的胶合板木拱支撑，该材料来自当地生长的云杉，具有可持续性，且本地工匠已熟练掌握其生产流程，这确保了构件产品的质量，也降低了未来的维护成本（图5-63，图5-64）。这种设计在遵循了交通建筑简约高效、绿色可持续的理念的同时，又能够为构件赋予当地文化内涵。

图 5-63　麦克坦 - 宿雾国际机场 T2 航站楼内构造方式呼应传统民居的细部构件

图 5-64　具有地域性特征又不失现代感的木构细部

案例：加拿大乔治王子机场
小型机场航站楼的近人尺度建构

乔治王子机场航站楼属于客流量较低的社区机场航站楼，其建筑面积相对较小，建筑师侧重于采用独特构件及相应的细节工艺，以彰显小型航站楼设计思路的与众不同。候机大厅有着一个采光良好的玻璃中庭，结构与遮阳细部进行一体化设计，自然光洒入其中，随着时间变化在室内产生丰富的光影效果。（图5-65）
建筑师还对幕墙连接构件进行了定制化设计，从而使木构为基础的幕墙系统整体更为轻盈、细部语言更加简洁有力。同时，独特的点固定玻璃系统仅穿透绝缘单元中的夹层玻璃内窗格，能防止热桥效应，效果美观并保证了建筑的可持续性。（图5-66）

图 5-65　乔治王子机场航站楼轻盈的幕墙与采光中庭

图 5-66　细部连接处极简的交接形式

5.2.3.4 细部营造创新设计总结

色彩、材料和构造细部是航站楼细部营造创新设计的基本组成元素。在航站楼设计中，细部设计的创新非常关键，它不仅能体现建筑师的匠心独运，还能有效地凸显机场的独特性。这些细部设计能够通过精细的人性化尺度和细腻的材料处理，展现出机场的现代感、地域性以及对未来的展望。

5.2.4 中小型机场航站楼创新设计案例总结

本章结合国内外优秀案例分析，从外部造型、内部体验和细部设计三方面总结了中小型航站楼创新设计方法。

首先，在外部造型的创新设计中，可以从自然要素和人文属性两种创作思路出发："从自然要素出发"的设计策略包含借鉴地形地貌、适应自然气候以及仿生抽象形式；"从人文属性出发"的设计策略包含文化符号的抽象表达以及地域文化的空间隐喻。其次，在空间体验的创新设计中，可以采用新功能植入、自然生态植入和文化体验植入等设计手法："新功能植入"涉及观景功能、艺术与博览功能、商业与休闲功能、互动与交流功能；"自然生态植入"包含对景渗透、引入自然、光影营造；"文化体验植入"即在航站楼内部空间增加文化体验功能。最后，在细部营造的创新设计中，可以从色彩、材料和细部构造等角度入手，进行探索应用。（图5-67）

值得注意的是，上述提到的三种创新设计方法并不是相互孤立的，而是相互交织、相互影响的。一体化的设计理念应当贯穿航站楼设计的全过程，需要综合考虑外部造型、内部空间以及细部构造之间的协调关系，以实现航站楼的一体化设计。

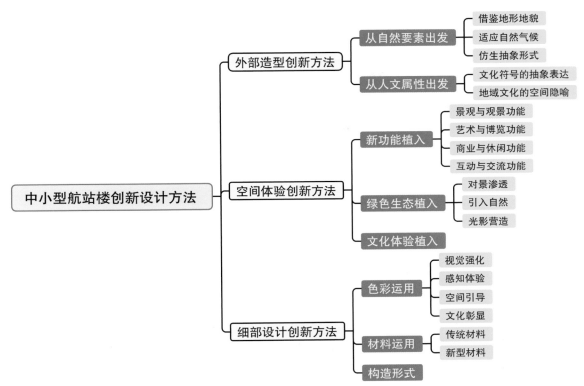

图 5-67　中小型机场航站楼创新设计方法总结

6

趋势篇

支线机场航站楼的代际划分与
第四代（体验时代）航站楼的创新实践

6.1   支线机场航站楼设计的代际划分

在中华人民共和国成立后至今的七十余年中，我国中小型机场航站楼的设计与建设理念经历了多个阶段的发展，每个阶段有着不同的鲜明特征。笔者对国内中小型支线机场航站楼设计进行了统计研究，并结合优秀案例的设计特点，从设计理念、设计聚焦点的角度，大致将国内中小型支线机场航站楼设计理念的发展分为四个阶段：功能时代、造型时代、文化时代与体验时代。

"功能时代"恰逢我国航空业发展初期，对支线机场航站楼设计的要求不高。航站楼设计以使用功能为导向，仅满足航站楼基本工艺流程需要即可。该时期的航站楼建筑，普遍缺乏交通建筑的气质，设计手法与造型语言缺乏典型的机场特色，导致航站楼往往看起来"不像航站楼"。

"造型时代"，伴随着支线机场航空需求的迅速增长，国内中小型支线机场建设量呈现爆发式增长。各地机场作为城市或地区的门户与形象地标，越来越受到重视，国内支线机场航站楼的设计重心也逐渐向航站楼造型转移，在满足使用功能与工艺流程需求的基础上，造型时代的航站楼设计以打造城市门户为目标，对形象与造型的要求逐渐凸显。这一时期设计的航站楼，建筑特征主要为：强调建筑体量与规模，往往以大机场航站楼的设计思路来设计中小型机场航站楼；常采用大屋顶的建筑造型；形式语言夸张、不含蓄；造型及概念千篇一律，缺乏个性。

"文化时代"，国内各中小型城市旅游业得到长足发展，加上各级政府对弘扬本地文化的重视，地域文化和地域特色的表达成为各地航站楼建设新的诉求。在这样的时代背景下，各地支线机场的航站楼设计也从单纯追求造型与形象的宏伟，向强调地域文化、地域特色，打造城市文化名片转变。这一时期支线机场航站楼建筑特征主要包括：挖掘地域文化符号作为重要的塑形概念；建筑形象上体现出一定的地域差异性；文化符号的表达主要体现在建筑造型上，色彩与文化符号的拼贴较为常见。文化时代的航站楼设计不乏优秀案例，如湖北神农架机场航站楼，但仍有许多设计"为地域而地域"，盲目堆砌或滥用地域文化元素。

"体验时代"，随着互联网技术的迅速发展，体验感、传播性成为旅客在航站楼使用中新的关注点。在这一时代背景下，航站楼设计内容不再局限于外部造型，如何使旅客在航站楼中得到独特的体验、感受到不一样的空间，成为中小型机场设计新的探索方向。体验时代的航站楼建筑特征主要包括：深度挖掘地域文化，巧妙提取文化要素；强调通过造型与空间的巧妙赋形与表达，而非单纯的文化符号拼贴实现文化要素的展示；外部造型与内部空间设计一体化；紧密结合旅客流程进行创新设计，营造特色鲜明的地域文化体验感。

近年来，笔者团队响应"体验时代"对机场航站楼设计的新要求，从文化体验出发，进行了一系列机场航站楼设计创新实践。下文选择其中一些典型案例，对具体设计思路与方法进行剖析。

6.2 第四代（体验时代）支线机场航站楼设计的创新实践

6.2.1 西藏定日机场航站楼——仰望珠峰的"雪域雄鹰"

6.2.1.1 机场概况——离珠峰最近的机场

定日机场位于西藏自治区，距定日县城直线距离 33km，离珠峰大本营直线距离仅 52km，是我国离珠穆朗玛峰最近的机场，场址海拔 4312m，是世界海拔第四高的机场（图 6-1）。飞行区等级为 4C，近期目标年为 2030 年，年旅客吞吐量 25 万人次，规划有 4 个 C 类机位，航站楼为一层半式，面积约 8000m^2。定日机场航站楼总体规划分空侧和陆侧两部分，空侧含跑道、滑行道和站坪，陆侧分为航站区和工作区。（图 6-2 ～图 6-4）

图 6-1　定日机场选址周边环境

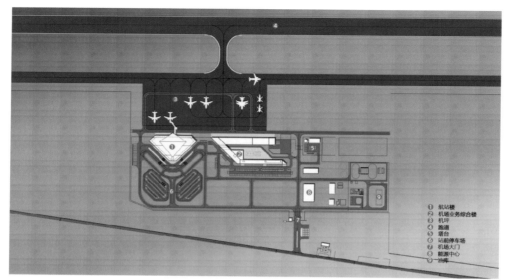

图6-2　定日机场总平面示意图

① 航站楼
②③ 机场业务综合楼
④ 机坪
⑤ 跑道
⑤ 塔台
⑥ 站前停车场
⑦⑧ 机场大门
⑧ 能源中心
⑨ 油库

图6-3　定日机场陆侧鸟瞰图

图 6-4　定日机场空侧鸟瞰图

6.2.1.2 建筑灵魂——向大自然汲取灵感

在建筑设计中，抓准建筑的"灵魂内核"，设计就成功了一半。在定日机场航站楼设计之初，设计团队便着重考虑，在如此大气磅礴、纯净神圣的场地环境中，如何呈现一个独一无二、令旅客过目难忘的航站楼，以及如何将交通建筑高效简洁的特质与西藏浓厚的文化底蕴巧妙融合。更为重要的是，如何抓住定日机场航站楼设计的"灵魂"？是对布达拉宫等传统藏式建筑的再现（图6-5），还是另辟蹊径？

设计团队认为，模仿永远无法超越。定日机场航站楼的整体气质一定要简约大气、高效便捷，在此基础上融入地域文化的精髓，可以在建筑的局部色彩和细节上向藏式传统建筑致敬。因此，定日机场航站楼建筑设计不走藏式传统建筑的路子，而是向大自然学习，从藏区特殊的自然环境中寻求灵感。最终设计团队选取了象征勇敢、力量和坚韧的"雪域雄鹰"作为建筑创作的概念，运用现代简洁的表现手法为其赋形，展现苍劲、腾飞的建筑气质。（图6-6，图6-7）

6.2.1.3 平面构型——三角形

建筑造型离不开构型的支撑。在原来的定日机场总体规划中，航站楼平面构型为常规的矩形，

图 6-5　雄伟壮观的布达拉宫

图 6-6　西藏某机场航站楼鸟瞰图

图 6-7　雪域雄鹰

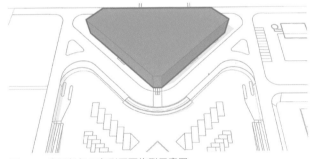

图 6-8　定日机场三角形平面构型示意图

难以充分表达"雪域雄鹰"的形象。为此，航站楼平面构型也必须创新。在研究了大量的国内外中小型支线机场航站楼案例后，设计团队发现，绝大多数中小型航站楼平面构型采用矩形及其变体，极个别为圆形，均与"雄鹰"的形态不符。最终，在综合航站楼内部工艺流程和雄鹰概念形态之后，设计团队为定日机场大胆选择了三角形的平面构型。这一构型的创新为完美实现建筑"灵魂－构型－造型－功能"的有机统一打下了坚实基础。（图 6-8）

6.2.1.4 陆侧交通——简洁顺畅

定日机场的陆侧交通，根据航站楼、综合楼、工作区等不同功能分区，分别组织车行流线，确保了陆侧交通流线明确清晰（图6-9）。

具体而言，在航站楼前布置内、外两层车道边，内侧落客，外侧通行；车道边外侧为停车场。三角形航站楼的两条直角边位于陆侧，上游一侧的车道边供送客的社会车辆、出租车、网约车落客，下游一侧的车道边供机场大巴落客和接客。社会车辆接客则组织在停车场内。因定日机场年旅客吞吐量非常小，设计在计算航站楼前车道边长度时，高峰小时进出港旅客人数以一架C类飞机载客数为上限。设计计算结果表明，三角形的航站楼平面能完全满足楼前车道边长度需求（图6-10）。

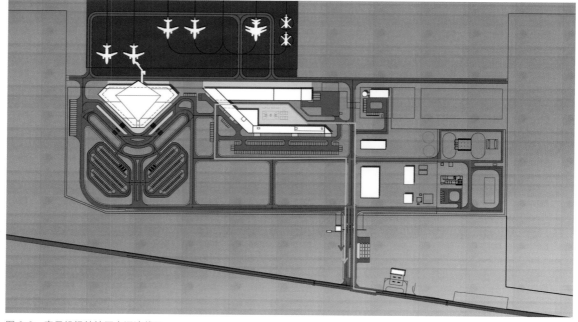

图 6-9　定日机场航站区交通流线图

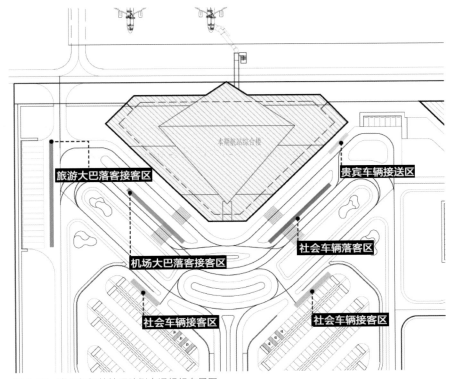

图 6-10　定日机场航站区陆侧交通组织布局图

6.2.1.5　功能流程——一目了然

　　因航站楼平面构型为三角形，其内部自然形成"L"形的出发／到达大厅区域，右侧为值机办票区，左侧为到达大厅，中间是安检区。行李提取厅和行李处理机房分别匹配在左右两端。候机厅布置在安检区后方，位于航站楼整体的中央区域。航站楼二层为登机长廊、未来近机位候机的扩展区域和办公用房。贵宾厅安排在航站楼右侧部分的一层和二层。（图 6-11 ～图 6-14）

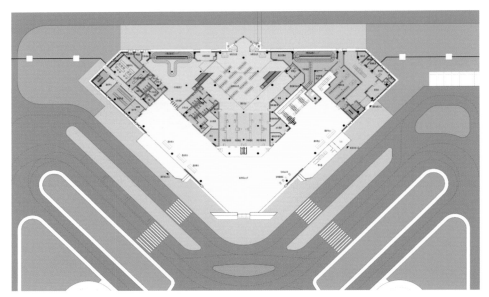

图 6-11　定日机场航站楼一层平面图

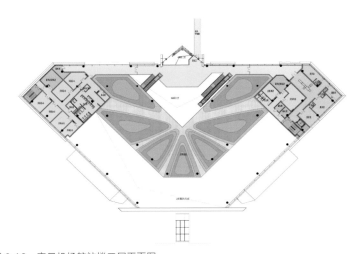

图 6-12　定日机场航站楼二层平面图

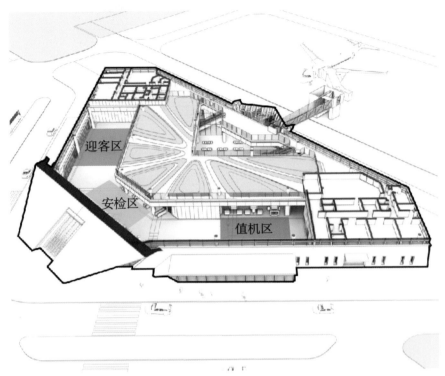

图 6-13 定日机场航站楼一层功能布局示意图

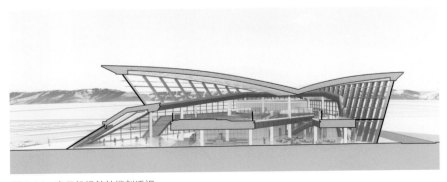

图 6-14 定日机场航站楼剖透视

6.2.1.6 建筑造型——雪域雄鹰

　　航站楼整体造型中轴对称，向前斜向起翘的大屋盖形如高昂的鹰首，三角形两侧的二级屋面好似张开的双翼。建筑形态宛如一只雄鹰，在雪域高原上振翅欲飞，与珠峰遥相呼应，表达出对自然的敬畏、对珠峰的向往。整体建筑形态语汇简洁洗练、现代感十足，对"雪域雄鹰"形态的捕捉和表达，大气恢弘、富有张力。

　　航站楼建筑外立面材质以银色金属板和玻璃为主，使立面外观完整统一，出入口处点缀红色铝板线条和当地片块石砌墙体，向经典藏式建筑致敬。（图6-15～图6-18）

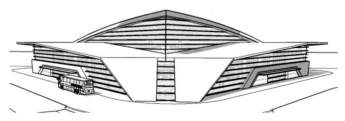

图 6-15　定日机场航站楼的"雪域雄鹰"概念赋形

图 6-16　定日机场航站楼正面局部

图 6-17　定日机场航站楼正面实景

图 6-18　定日机场航站楼侧面实景

6.2.1.7 室内空间——鹰羽、哈达的元素赋形

候机厅大吊顶是航站楼室内居于核心主导地位的视觉元素，延续"雪域雄鹰"的创意灵感，采用微微倾斜排列的三角形单元板块并加入部分倒角设计，结合室内光影呈现出"鹰羽"的意象，在室内空间中再次强化"雪域雄鹰"的设计概念，实现概念的室内外一体化表达，手法简洁而不失精致细腻，体现了对立意的神似而非形同的现代交通建筑的高级感。三角形单元板块的空间排列呈现出指向珠峰方向的趋势，为旅客提供明确的视觉导向，在突出定日机场独一无二的门户形象的同时，也优化了旅客体验。另外，三角形的肌理与建筑构型取得统一，也有助于进行标准化、模数化建造，为航站楼室内空间赋予韵律之美。

除了"雄鹰"与"鹰羽"的概念在室内外空间的一体化表达之外，出发／到达大厅作为室内空间的重要节点，其空间营造也须对地域文化有充分的表达。出发／到达大厅作为迎送客空间，象征欢迎、表达祝福的元素是必须的，因此设计团队将此处的"L"形空间进行整体设计，在空间上部统一采用连续的白色层叠带状金属板，结合线形灯带作一体化呈现，寓意航站楼给八方来宾献上洁白的哈达，道一声"扎西德勒"。

航站楼文化体验的塑造不应仅体现在造型与空间上，还须对建筑细部予以关注。在空间细节营造上，设计团队除了沿用纯粹、现代的表现手法外，也适度植入藏族文化元素与色彩，例如在

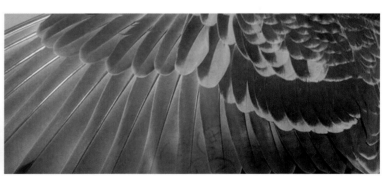

图 6-19　藏族文化元素中的哈达、鹰羽意象

航站楼室内一层、二层之间使用红色的檐口、黄色的椽头和源自藏式宫殿建筑的线脚形式，使现代交通建筑的气质与地域文化要素有机融合。

　　通过上述精心设计，航站楼室内外空间与机场环境形成了和谐的对话，建筑本身也成为了雪域高原壮丽美景的一部分。（图 6-19 ～图 6-24）

图 6-20　定日机场航站楼二楼室内效果图

图 6-21　定日机场航站楼二楼室内效果图

图 6-22　定日机场航站楼二楼室内效果图

图 6-23　定日机场航站楼一层候机区室内效果图

图 6-24　定日机场航站楼一层出发 / 到达大厅室内效果图

6.2.1.8　标识系统——转经筒、藏民形象

　　标识系统在交通建筑中至关重要，为旅客提供了流程指示引导。在定日机场航站楼的标识设计上，设计团队除了采用国际化的标志标牌形式、字体、颜色外，还设计了一些小惊喜、小彩蛋，供旅客去发现、回味，如标识牌立柱的柱头以转经筒为概念，象征祈福；卫生间的男女标牌采用了简化抽象的藏民形象，体现藏族人民的精神风貌和文化情趣。（图 6-25）

图 6-25 转经筒、藏民形象抽象转译为标识系统元素

6.2.1.9 室外景观——玛尼堆、登山者雕塑

　　由于机场位于海拔 4300 米以上的雪域高原上，常用的各种观赏性绿化植被在此均不适用，设计团队经过深思熟虑，决定放弃使用传统的绿化思路，采取硬化材质结合局部水体的做法进行景观塑造。通过回归旅客群体分析，从中寻找灵感，设计团队最终选择"珠峰攀登者雕塑"作为硬质景观主体。这一概念不仅与场地环境完美契合，本身也具有较大的创作空间。（图 6-26 ～图 6-28）

　　同时，设计考虑到出发旅客从机场前场区域向航站楼行进这一过程，在沿途适当设置了玛尼堆，标出机场海拔、到珠峰大本营的距离等关键数字（图 6-29），作为一种兼具功能性的景观呈现。

图 6-26　定日机场航站楼前"珠峰攀登者"雕塑效果图

图 6-27　"珠峰攀登者"雕塑实景

图 6-28　定日机场航站楼侧面实景

图 6-29　定日机场航站区玛尼堆景观效果图

6.2.1.10 独一无二的旅客体验——"登珠峰，展豪情"

定日机场作为离珠峰大本营最近的机场，来到这里的旅客往往只有一个目的：登珠峰，展豪情。因此，设计必须用直接而富有冲击力的空间体验回应旅客的期待，为他们留下深刻的第一印象。航站楼扬起的"鹰首"造型饱含张力，使旅客一进入航站楼，便可透过高侧窗望见远处的神圣雪山，登山的豪迈情绪将因此而得到激发与升华。再加上室内外空间的一体化设计、构造细部的精心设计，整座航站楼将对地域文化灵魂的挖掘与建筑语汇的现代表达巧妙融合，为旅客提供了独一无二的文化体验，这正是体验时代支线机场航站楼设计的核心目标。

定日机场航站楼设计既是西藏地域文化现代化表达的典范，也体现了对"机场空间与旅客体验"这一航站楼设计中根本关系的全面创新。

6.2.2 澜沧景迈机场 T2 航站楼——"景藏绿谷，迈纳福禄"

6.2.2.1 机场概况——四季如春的机场

澜沧景迈机场位于云南省普洱市澜沧县西南部，场址海拔 1350m，距普洱市直线距离约 127km，处于普洱市打造的澜沧、西盟、孟连"普洱绿三角"旅游区的中心。普洱市森林资源丰富，全市森林覆盖率达 64.9%，被誉为"绿海明珠"；年平均气温为 18.2℃，最冷月平均气温均为 12.9℃，最热月气温 22.1℃，气候四季如春。

在进行扩建之前，澜沧景迈机场仅有一座 T1 航站楼，年旅客吞吐量为 25 万人次。本次设计以 2045 年为目标年，将扩建新增 5 个近机位、3 个远机位，并在 T1 航站楼东侧扩建 T2 航站楼，新航站楼年旅客吞吐量预计为 135 万次。即 T2 航站楼建成后，该机场年旅客吞吐量将达到 160 万人次，飞行区等级为 4C。T2 航站楼为与 T1 呼应，采用长方形平面构型，建筑面宽约为 180m，进深约 46m，屋面最高处约为 20m；剖面构型为一层半式，建筑面积约 12 000m² 。（图 6-30 ～图 6-32）

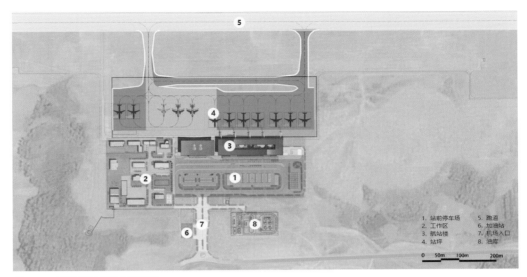

图 6-30　澜沧景迈机场总平面图

1. 站前停车场	5. 跑道
2. 工作区	6. 加油站
3. 航站楼	7. 机场入口
4. 站坪	8. 油库

0　50m　100m　　200m

图 6-31　澜沧景迈机场 T1、T2 航站楼陆侧鸟瞰效果图

图 6-32　澜沧景迈机场 T1、T2 航站楼空侧鸟瞰效果图

新一代支线机场航站楼　建筑设计与创新路径 ✈

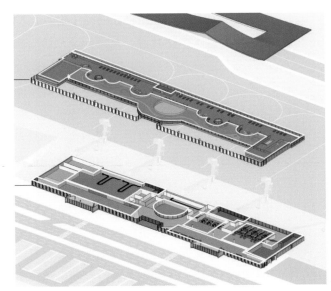

图 6-33 澜沧景迈机场 T2 航站楼功能布局示意图

6.2.2.2 航站楼设计特点

1. 功能设施：合理分区、弹性扩容

该机场航站楼为一层半式，首层通过中央绿化庭院，将空间分为出发区和到达区。出发区位于中庭东侧，包括出发大厅、值机办票区、安检区；安检区后方东侧设有自动扶梯，通往二层近机位候机区，远机位候机厅则布置于安检通道后西侧；到达区位于中庭西侧，主要包含行李提取厅、到达大厅。商务政要贵宾厅位于航站楼东侧，出入口独立设置，与出发大厅可分可合。二层设置近机位候机区、到达廊道以及空侧室外景观庭院。（图 6-33）

考虑到该机场未来旅客量的增长，航站楼内须为设施扩容预留弹性空间。设计在本期航站楼内已有设施的基础上，为值机、安检等功能区预留了设施扩容空间，可满足 180 万人次年旅客吞吐量的服务需求。

2. 创新体验：景迈绿谷，福禄（葫芦）入园

　　四季如春、茶园飘香，是来到澜沧的旅客对当地最直观的感受。设计团队在 T2 航站楼二层空侧创新地开辟出145m 长的"空中绿谷"，作为室外景观空间和空侧候机区的一部分，以小见大，将澜沧的绿色名片巧妙纳入航站楼空间；同时，将拉祜族的文化图腾——葫芦进行平面空间化的处理，在候机大厅与空中绿谷之间设置若干个"葫芦厅"，作为候机区活跃的休闲娱乐空间，以传达葫芦在拉祜族文化中吉祥平安的美好寓意。

　　"葫芦厅"的设计将陆侧候机区与空侧的空中绿谷充分融合，室内空间与室外景观相得益彰，并实现了二者功能上的自由转化，旅客不必仅待在封闭的候机空间内，可随时穿过葫芦厅步入绿谷，充分享受四季如春的自然环境。（图 6-34 ～图 6-37）

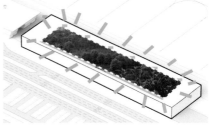

图 6-34　澜沧景迈机场 T2 航站楼"空中绿谷"概念提取示意图

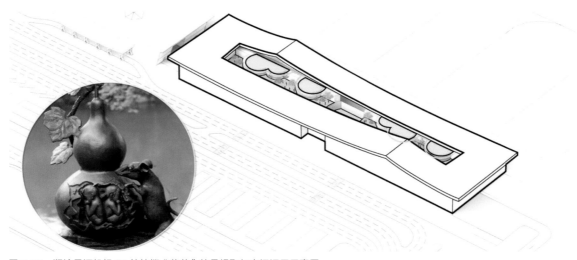

图 6-35　澜沧景迈机场 T2 航站楼"葫芦"符号提取与空间运用示意图

图 6-36 澜沧景迈机场 T2 航站楼空中庭院效果图

图 6-37 澜沧景迈机场 T2 航站楼空中庭院效果图

3. 建筑造型：山势入形，文脉点睛

航站楼作为城市的空中门户，也是一张闪亮的城市名片。其建筑造型将给旅客留下关于航站楼的第一印象。澜沧景迈机场周边群山环绕，故航站楼屋面取山势入形，融于自然。优美而舒展的屋面曲线在陆侧立面东侧微微起翘，提示此处为出发大厅所在位置；而空侧屋脊起翘之处位于立面西侧，提示此处为航站楼的到达空间。错动的屋脊线使建筑外形更为灵动，南立面设计为玻璃幕墙，其檐口采用三角形单元装饰，以此暗喻当地拉祜族服饰纹样。这一手法将地域文化符号转化为建筑语言表达，含蓄而高雅。（图 6-38，图 6-39）

扩建项目必须要妥善处理新老建筑的关系。在该项目中，因 T2 航站楼的面宽是 T1 航站楼的两倍，必须避免使两座航站楼的体量差距过大。设计上采用 3 种处理方式：① T2 航站楼采用曲面坡屋顶，与 T1 航站楼外形相协调；② 将 T2 航站楼的檐口设计为与 T1 航站楼檐口等高；③ 将

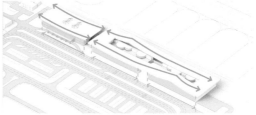

图 6-38 澜沧景迈机场航站楼 "取山势入形" 的屋面造型

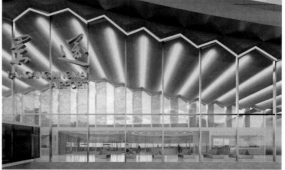

图 6-39 澜沧景迈机场 T2 航站楼拉祜族文化符号提取与细部运用示意

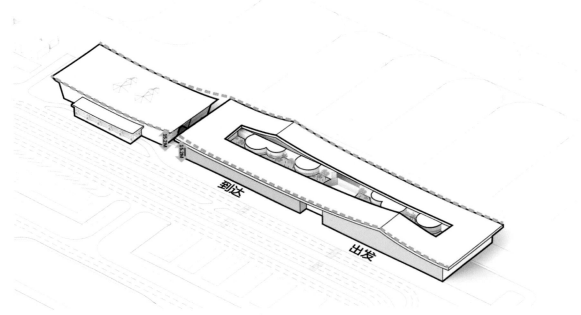

图 6-40　澜沧景迈机场 T1、T2 航站楼整体造型关系示意

图 6-41　澜沧景迈机场 T1、T2 航站楼主立面关系效果图

图 6-42　澜沧景迈机场 T1、T2 航站楼空侧屋面关系示意

图 6-43　澜沧景迈机场 T1、T2 航站楼陆侧屋面关系示意

图 6-44　澜沧景迈机场 T1、T2 航站楼整体鸟瞰

T2 航站楼立面分为出发、到达两段分别处理，达到在视觉上缩减其体量感的效果。最终建成的 T2 航站楼呈现出与 T1 航站楼谦逊比邻的姿态，整体效果和谐统一。（图 6-40 ～图 6-44）

4. 商业设计：产业挖掘、价值提升

考虑到机场商业是机场非航收益的重要来源之一，本次航站楼设计对航站楼内商业空间进行了有效的组织串联，主要策略包括：将集中商业区主要布置于中庭以及空侧景观庭院周边；利用旅客流线上的展示面进行地域特色宣传，如茶文化展示、民族符号及手工艺品宣传，从而挖掘当地民俗文化的产业价值；结合候机区的座椅布局，设置休闲餐饮区、零售店铺，并在景观庭院内设置外摆商业，形成"点 - 线 - 面"的趣味性商业空间体系，以增加商业业态类型，同时也加强了各商业空间之间的联系，使其形成一个有机整体。（图 6-45 ～图 6-48）

在具体业态提升方面，零售店铺可销售民族特色工艺品及地域美食产品系列（图 6-49），特色餐饮空间主要结合室内外景观及短时候机旅客的需求来设置。

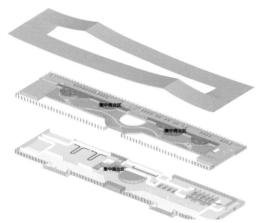

图 6-45　澜沧景迈机场 T2 航站楼商业布局图

图 6-46　澜沧景迈机场 T2 航站楼商业区室内效果图

图 6-47　澜沧景迈机场 T2 航站楼候机长廊区域的商业空间效果图

图 6-48　澜沧景迈机场 T2 航站楼空中庭院区域的商业空间效果图

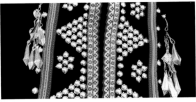

图 6-49　澜沧县当地特产及非物质文化遗产

5. 可持续设计：低碳节能，生态植入

　　T2 航站楼玻璃幕墙采用丝网印刷的 Low-E 玻璃，形成自遮阳立面体系，在保证航站楼立面通透性的同时，还能有效减少太阳辐射和眩光，降低建筑能耗。设计还通过构造优化减少了建筑冷热桥，提升屋面、外墙保温隔热性能。

　　此外，设计将室内光环境优化提升与遮阳、视野需求统筹考虑，通过景观庭院设置、立面开

图 6-50　澜沧景迈机场 T2 航站楼自然通风、自然采光、保温隔热及被动式遮阳示意

窗优化与高侧窗设计，使室内自然采光充足且均匀；将人工照明控制与自然采光相结合，切实降低了照明能耗；结合风压分析优化立面开口设计，充分利用自然通风，有效降低了航站楼空调系统的过渡季能耗。（图 6-50）

6.2.2.3　陆侧交通组织——公交优先、多车道边、单向循环

　　澜沧景迈机场 T2 航站楼前的车道边分为内外两层，内侧车道边主要供机场线路巴士接送客和出租车排队接客，同时安排特种车辆停放；外侧为出租车、社会车辆送客车道边。停车场内靠航站楼一侧设置场内车道边（图 6-51）。不同车辆在车道边分区布置，统一管理提高运作效率。所有的大、中、小型社会车辆及网约车的接客均组织在停车场内进行。

　　此外，该航站楼陆侧交通设计还遵循了"单向循环"原则，以避免不同类型车辆流线平面交叉，提高运行效率。各类型车辆流线具体安排为：①机场巴士：送客至内侧车道边固定区域，并在此处接客离场；②出租车：送客至外侧车道边，落客后至蓄车场，经统一调度，再行至楼前内侧车道边，排队接客离场；③社会车辆：送客至楼前外侧车道边或停车场，统一在停车场内接客并离场；

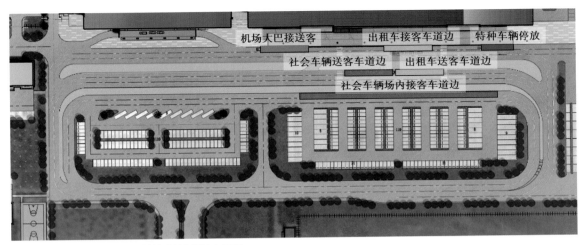

机场大巴接送客　　　出租车接客车道边　　特种车辆停放

社会车辆送客车道边　　出租车送客车道边

社会车辆场内接客车道边

图 6-51　澜沧景迈机场 T2 航站楼陆侧车道边布局图

图 6-52　澜沧景迈机场 T1、T2 航站楼陆侧交通单项大循环示意

④贵宾车辆：出发贵宾经专用车道送客至贵宾厅门前，到达贵宾车辆汇入门前单向循环系统离场。
（图 6-52，图 6-53）

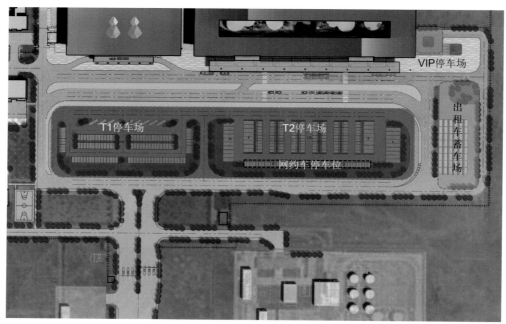

图 6-53 澜沧景迈机场 T1、T2 航站楼陆侧停车场布局

6.2.2.4 独一无二的旅客体验——"景迈绿谷，福禄（葫芦）入园"

澜沧景迈机场是团队第一次尝试第四代支线机场航站楼的设计，将城市自身的特质转化为独一无二的旅客体验是团队追求的设计目标。此次航站楼建筑设计抓住了两个要点：一是摒弃了 T1 航站楼对拉祜族图腾"葫芦"元素的直白表达（立面采用"葫芦柱"和屋面檐口采用"金葫芦"装饰），而是将其转化为功能性空间"葫芦厅"，表现方式更为含蓄而高级，同时能使旅客了解拉祜族"人从葫芦里来"的美丽传说（图 6-54）；二是开创性地在空侧设计出"空中绿谷"生态庭院，并将其作为空侧候机区的一部分，借由灵活的葫芦厅与陆侧候机区相连接，丰富了旅客的候机体验。

踏遍青山人未老，风"景"这边独好。雄关漫道真如铁，而今"迈"步从头越。澜沧景迈机场 T2 航站楼的设计，将使机场成为景迈一张令人印象深刻的城市名片。（图 6-55）

图 6-54 澜沧景迈机场 T1（左）、T2 航站楼（右）对"葫芦"意象的使用对比

图 6-55 澜沧景迈机场 T2 航站楼主立面效果图

6.2.3 沧源佤山机场航站楼^①——"木鼓洞天"中的空港博物馆

6.2.3.1 机场概况——秘境佤乡的空中门户

佤山机场坐落于云南省临沧市西南部沧源县境内，距沧源县城直线距离约 20km，位于临沧市打造的"世界佤乡·秘境临沧"的核心区域。沧源，又称"大佤山区"，是全国最大的佤族聚居区，是佤族文化的发祥地、荟萃地和传承地，是著名的世界佤乡、崖画之乡、歌舞之乡、秘境边关。

自 2016 年 12 月 T1 航站楼启用以来，沧源佤山机场旅客吞吐量增长迅速，2019 年的年旅客吞吐量达到 33.7 万人次，已突破"2020 年旅客吞吐量 27 万人次"的规划设计值。随着旅客吞吐量、航班架次的逐年增长，T1 航站楼已超负荷运行，保障能力明显不足。为响应国家"提高机场综合服务保障能力"的倡议，完善综合交通运输体系，促进地方经济社会和旅游业的快速发展，应对旅客吞吐量超预期增长所带来的运行压力，沧源佤山机场开始了 T2 航站楼及附属设施的扩建工程。

本次设计以 2030 年为目标年，按照年旅客吞吐量 100 万人次进行规划，新增近机位 4 个、通航机位 1 个，使机坪总机位数达到 11 个；新建面积为 11000m² 的 T2 航站楼，扩建楼前交通设施，同时在现有预留用地扩建办公建筑、旅客过夜用房、货站、职工生活区、场务用房、急救中心和动力设施机房、油库等。在 T2 航站楼建成投入运营后，未来可考虑将 T1 航站楼用于服务国际航线和贵宾旅客。（图 6-56～图 6-59）

---

① 本书所收录的为投标方案。

图 6-56 扩建后的沧源佤山机场总平面

1. 航站楼　　6. 工作区
2. 站坪　　　7. 机场入口
3. 跑道　　　8. 加油站
4. 停车场　　9. 油库
5. 配套发展用地

0 50m 100m　　200m

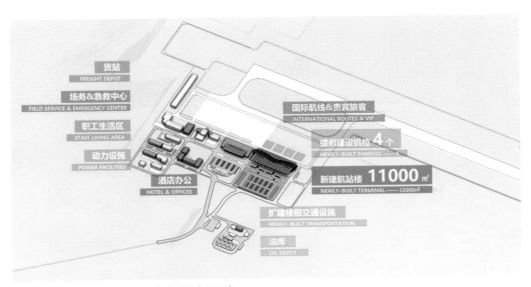

货站
FREIGHT DEPOT

场务&急救中心
FIELD SERVICE & EMERGENCY CENTER

职工生活区
STAFF LIVING AREA

动力设施
POWER FACILITIES

酒店办公
HOTEL & OFFICES

国际航线&贵宾旅客
INTERNATIONAL ROUTES & VIP

提前建设机位 **4** 个
NEWLY-BUILT PARKING —— 4

新建航站楼 **11000** m²
NEWLY-BUILT TERMINAL —— 11000m²

扩建楼前交通设施
NEWLY-BUILT TRANSPORTATION

油库
OIL DEPOT

图 6-57 扩建后的沧源佤山机场总体功能布局示意

图 6-58　扩建后的沧源佤山机场 T1、T2 航站楼陆侧鸟瞰效果图

图 6-59　扩建后的沧源佤山机场 T1、T2 航站楼空侧鸟瞰效果图

6.2.3.2 设计概念——木鼓洞天、空港博物馆

1. 木鼓洞天，文化赋形

沧源拥有秀美壮丽的自然风光与神秘古朴的佤族风情文化，等待着每一位旅客去发掘体验。佤山机场作为沧源乃至整个临沧旅游业发展的发动机，也是四方宾朋来到沧源的第一站，承载着把秘境佤乡之美向世界传播的责任。

佤族文化的神秘多彩是来到沧源的旅客对这里最直观的感受，对于当地民俗文化的发掘和演绎也是本次航站楼空间设计的关键。设计团队在众多的文化形式中寻找既有强烈代表性，又能与建筑形式和空间巧妙结合的文化形态，最终选择了佤族人民在重大节日庆典中敲击的"木鼓"，和佤族辈辈相传的"司岗里"（意为"人是从洞穴里走出来的"）美丽传说中的岩窟洞穴，作为建筑设计概念的两大灵感来源（图6-60）。"木鼓"提供了赋形的直接参考，"洞穴"可以作为整体概念进行空间塑造。最后设计团队将"木鼓化形，洞天体验"定为航站楼的建筑空间主题。

航站楼二层候机长廊整体被设计为极具表现力的"悬空木鼓"形态，寓意"向世界敲响佤乡秘音"，打造极富佤族风情的沧源名片（图6-61）。候机长廊的内部空间则采用"司岗里"神话中的洞穴岩窟意象，将其转译为现代建筑语言，体现在整体空间和细部构件上，在长达156米的长廊空间中，给予旅客探寻洞窟秘境的独特候机体验（图6-62）。在照明方式上，设计大胆采用

图6-60　佤族"木鼓"与"司岗里"岩洞形象示意

图 6-61 "木鼓"概念提取及候机长廊赋形

图 6-62 "洞天"概念提取及候机长廊室内空间赋形

图 6-63 沧源佤山机场 T2 航站楼候机长廊室内照明效果图

了常规候机厅空间所没有的天窗采光与人工照明相结合的方式，在保证室内足够明亮的同时，最大化还原概念所希望打造的洞穴岩窟的空间体验（图6-63）。

2. 佤乡博物，沉浸体验

T2航站楼作为沧源佤乡的文化名片，除了在造型和空间上要体现文化符号之外，所提供的独特文化体验，也是为四方宾朋留下美好印象的关键。

大佤山区文化旅游资源丰富，3500多年的翁丁原始部落、沧源崖画、广允缅寺、"摸你黑"狂欢节庆活动等承载着当地深厚的历史文化和佤族文明；千米国画长廊、司岗里、天坑、南滚河等展示着数不尽的壮丽山河。但这些景点彼此间相距甚远，游客无法在短时间内游遍。（图6-64）因此，设计紧扣地域特色与痛点，将"博物馆"的概念引入航站楼设计，创造性地提出"佤乡空港博物馆"的思路，希望集佤乡之精粹，使来往旅客更为全面地认识佤山、了解佤山，让佤乡走向世界。

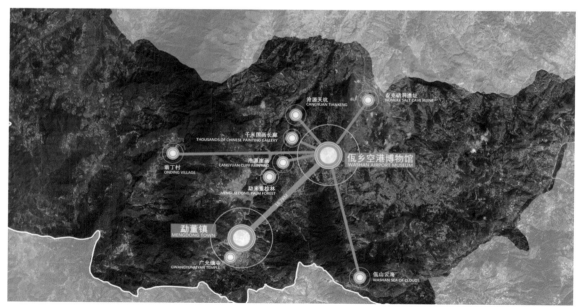

图6-64 佤山地区特色景点空间分布

设计将候机空间与博物展示结合起来，在航站楼二层候机长廊的两侧与主楼的夹角空间内巧妙植入"佤乡空港博物馆"（图6-65），以文化展陈、互动体验、多媒体演示等多种展示方式，将秘境佤乡的人文历史、自然景观、民族风情，如沧源崖画、翁丁村、司岗里、拉木鼓、甩发舞、摸你黑狂欢节等全方位地展现在旅客眼前，打造佤乡文化旅游的门户。空间塑造上则延续航站楼整体的"木鼓洞天"空间概念，传达"鼓中有洞天，秘境藏珍宝"的主题。空港博物馆与候机空间融为一体，相得益彰，旅客在候机的同时，可以随时步入博物馆内参观，体验一场精妙绝伦的佤乡文化之旅。

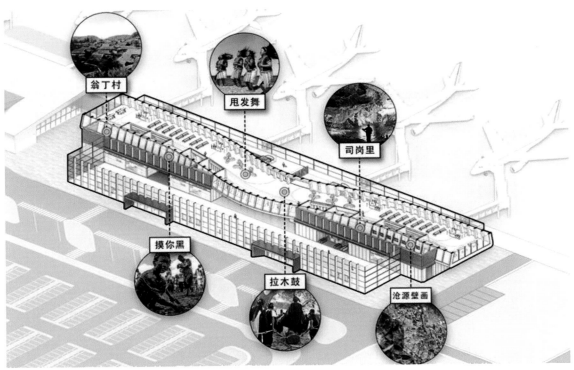

图 6-65　沧源佤山机场 T2 航站楼空港博物馆位置示意

图 6-66　沧源佤山机场 T2 航站楼空港博物馆室内空间效果图

在空港博物馆内部，为了营造"秘境佤乡"的神秘感，墙面采用质朴的混凝土材料，墙顶与天棚之间留出一条光缝，外部光线由此透入，照射到墙面的"沧源崖画"上，营造出更为神秘的视觉效果，从而打造与众不同的空间氛围，为旅客带来沉浸性更强的文化体验。（图 6-66）

3. 建筑色彩

确立了"空港博物馆"的文化体验概念和"木鼓洞天"的空间体验概念之后，需通过丰富的细部设计，强化上述概念。设计围绕"悬空木鼓"的概念，在色彩上大胆运用木色、红色、黑色等源自木鼓意象或有浓厚佤族民族特色的色彩，为空间赋予浓厚的特色文化氛围。候机厅（木鼓）内部沿用木色的结构肋，营造"木鼓内别有洞天"的感受，以贯彻"概念—造型—空间—色彩"的连贯设计逻辑。（图 6-67 ～图 6-69）

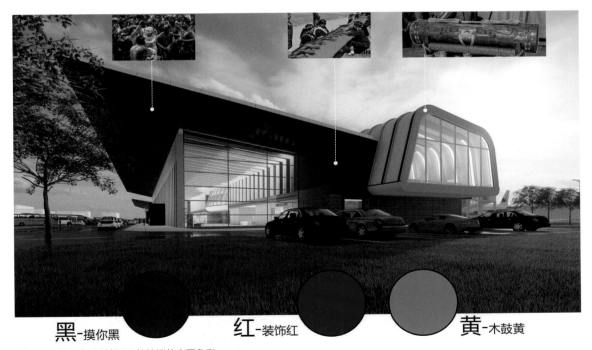

黑 -摸你黑　　　红 -装饰红　　　黄 -木鼓黄

图 6-67　沧源佤山机场 T2 航站楼的主要色彩

图 6-68 沧源佤山机场 T2 航站楼出发大厅室内色彩运用效果图

4. T1、T2 航站楼的关系处理

T2 航站楼作为扩建项目，设计同样关注其与原有 T1 航站楼间的协调统一。T2 航站楼屋顶形态延续 T1 航站楼的建筑语言，以同样坡度的屋面起翘营造大气统一的机场形象，立面处理则与 T1 航站楼保持内在联系，和而不同，达到既现代协调又充满独特地域个性的效果。（图 6-70，图 6-71）

图 6-69　沧源佤山机场 T2 航站楼出发大厅室内色彩运用效果图

图 6-70　沧源佤山机场 T1、T2 航站楼屋顶形态关系示意

图 6-71　沧源佤山机场 T1、T2 航站楼正立面关系示意效果图

6.2.3.3　功能流程与标准化建造——合理分区，成本可控

　　沧源佤山机场 T2 航站楼为一层半式。在航站楼首层，中央设置值机办票柜台，出发区位于值机办票区东侧，包括出发大厅、安检区；安检后方西侧设有自动扶梯，可通往二层近机位候机厅，远机位候机厅则布置于安检通道后方东侧。而到达区位于值机办票区西侧，主要包括行李提取厅、到达大厅。商务政要贵宾厅位于航站楼东侧，出入口独立设置，与出发大厅可分可合。航站楼二层设置近机位候机区、到达廊道、佤乡空港博物馆。（图 6-72）出发及到达自动扶梯均布置于航站楼二层中部，减少旅客步行距离。

　　设计考虑到控制成本的需要，在规整的航站楼主体量和曲线形的候机空间使用了标准化模块系统进行建造（图 6-73），在降低造价的同时实现最佳的空间效果。

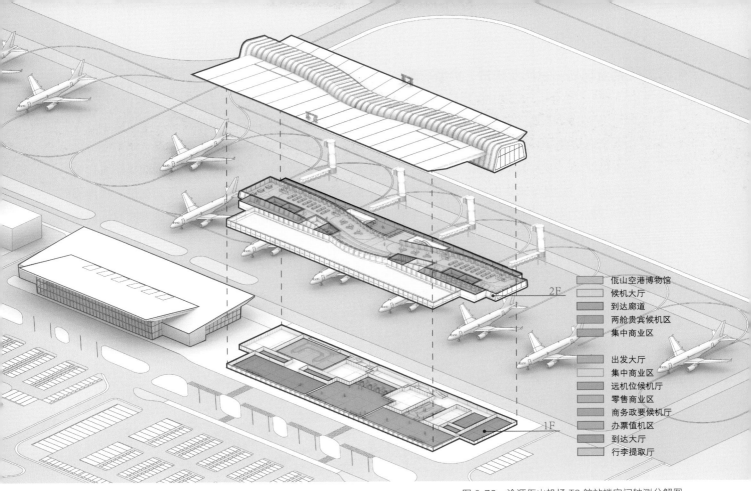

两舱贵宾候机区
集中商业区

佤山空港博物馆
候机大厅
到达廊道

2F

出发大厅
集中商业区
远机位候机厅
零售商业区
商务政要候机厅
办票值机区
到达大厅
行李提取厅

1F

图 6-72　沧源佤山机场 T2 航站楼空间轴测分解图

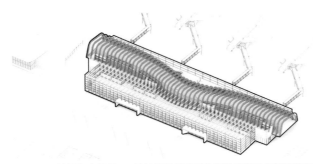

图 6-73　沧源佤山机场 T2 航站楼候机空间的标准化模块系统示意图

6.2.3.4 商业规划——产业扶贫，价值挖掘

佤山机场 T2 航站楼的商业规划是重要的设计内容，商业区为当地特产及工艺品走出佤乡提供了绝佳窗口。设计在空、陆两侧结合旅客动线，形成有效串联的商业空间体系：集中商业区与候机空间、佤乡空港博物馆紧密结合；当地特产与工艺品展销与文化展示空间则穿插布置在候机空间中，发掘当地文化产业价值，使航站楼成为沧源扶贫成果及非遗展示的重要窗口；楼内的零售及餐饮空间，主要结合旅客需求布置在旅客出发及到达动线上，方便消费；休闲商业区与候机厅座椅区相结合，形成灵活的趣味商业空间，大大增加了商业业态的多样性。（图 6-74）

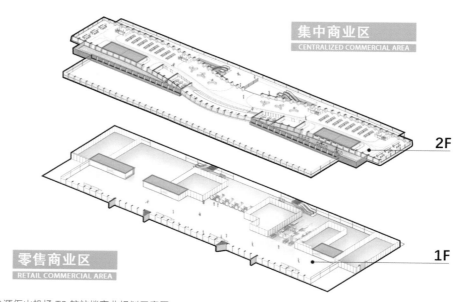

图 6-74　沧源佤山机场 T2 航站楼商业规划示意图

6.2.3.5 建筑技术——生态节能，绿色机场

为适应沧源的亚热带低纬高原山地季风气候，航站楼建筑造型上设有大挑檐和遮荫区域，结合风压分析，优化立面开口设计，以有效组织自然通风；立面采用 Low-E 玻璃，加上被动式遮阳外挑檐，保证航站楼室内光线通透的同时，可有效减少太阳直射和防止眩光；将室内光环境的优化提升与遮阳、视野需求统筹考虑，结合天窗和玻璃幕墙的设计，确保室内自然采光充足且均匀，视觉感受舒适，并切实降低照明能耗；通过构造优化减少建筑冷热桥，提升屋面、外墙保温隔热性能。（图 6-75）

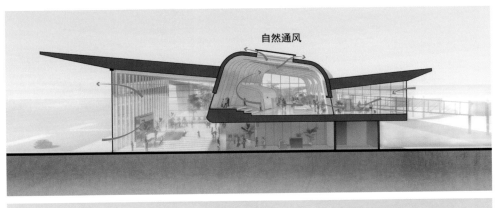

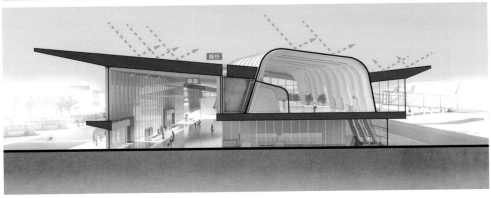

图 6-75　沧源佤山机场 T2 航站楼自然通风与保温隔热示意图

6.2.3.6 独一无二的旅客体验——"木鼓洞天，秘境佤乡"

　　如果说澜沧景迈机场航站楼的设计是笔者团队对体验时代支线机场航站楼设计的首次尝试，沧源佤山机场 T2 航站楼设计则旗帜鲜明地提出了体验时代支线机场航站楼的设计宣言。该设计将为大佤山区打造一张崭新的文化名片、一个开放窗口，让每一个来到沧源的旅客都能体验到它独特的魅力，并期望扩建后的沧源佤山机场能成为带动地区经济腾飞的坚实基础。

　　踏遍佤山寻珠贝，任凭慧眼阅风流。改扩建后的佤山机场，把世界带来秘境佤乡，也将把神秘的佤乡带向世界！（图 6-76 ～图 6-78）

图 6-76　沧源佤山机场航站楼立面造型效果图

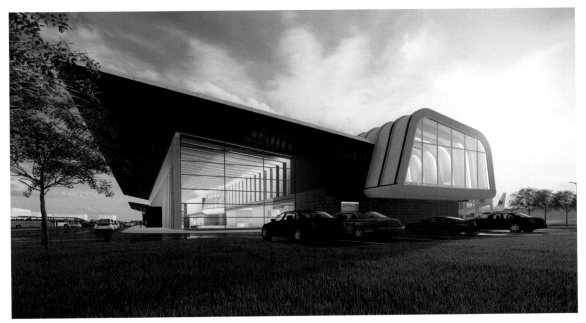

图 6-77　沧源佤山机场 T2 航站楼侧立面效果图

图 6-78　沧源佤山机场 T2 航站楼主立面效果图

6.2.4 蚌埠机场航站楼——淮水润贝、玉蚌含珠

6.2.4.1 机场概况——地理南北分界线上的机场

"珠城"蚌埠地处皖北平原,位于我国地理意义上的南北方分界线上。千里淮河穿城而过,孕育了蚌埠深厚的历史文化,使这里素有"禹会诸侯地,淮上明珠城"的美誉。

蚌埠机场选址位于蚌埠怀远,距蚌埠市中心区域约 36km,距合肥新桥机场 110km,距南京禄口机场 193km。未来,围绕蚌埠机场将形成沟通南北、辐射周边的复合交通网,打造空铁一体的区域综合交通体系。

蚌埠作为皖北中心城市与重要综合交通枢纽,承上启下,辐射皖北。建成后的蚌埠机场不仅将成为高效便捷的地区现代交通体系核心,还将是四方宾朋来到蚌埠、了解蚌埠的第一站,承载着"珠城之窗,蚌埠印象"的使命与责任。

6.2.4.2 机场总体规划

蚌埠机场近期定位为 4C 级国内支线机场,远期定位为 4E 级国内支线机场。近期航站楼建设规模 30 000m²,可以服务至 2040 年,预期年旅客吞吐量达 210 万人次,远期目标年为 2050 年,预期年旅客吞吐量为 350 万人次。

近期蚌埠机场飞行区建设指标为 4C,将建设一条长 2600m、宽 45m 的跑道,远期跑道将向西延长至 3200m,并设置一条与跑道等长的平行滑行道以及四条快速出口滑行道。近期规划 15 个站坪机位和 20 000m² 的停车场,远期航站楼将扩建至 50 000m²,站坪机位增加至 24 个,同时停车场扩建至 37 000m²。(图 6-79 ~图 6-82)

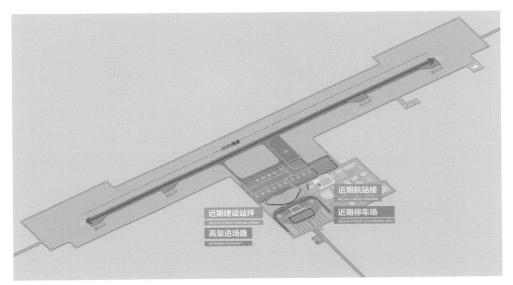

图 6-79　蚌埠机场近期总体规划示意

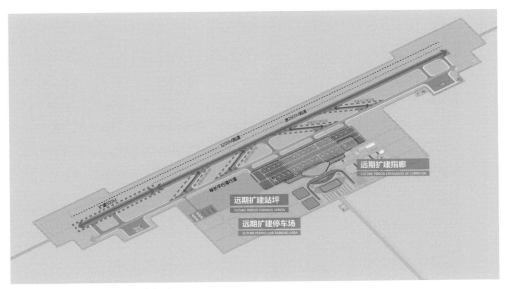

图 6-80　蚌埠机场远期总体规划示意

图 6-81　蚌埠机场航站楼近期规划陆侧鸟瞰

图 6-82　蚌埠机场航站楼远期规划陆侧鸟瞰

6.2.4.3 空侧规划

综合考虑空陆平衡、机位数量、用地集约、运行效率等因素，蚌埠机场航站楼采用前列式构型，在满足蚌埠机场近远期发展需求的前提下，可以实现旅客最便捷、运行最高效、管理最方便等多重目标。临近航站楼的一排近机位相互无干扰，飞机脱离跑道后可迅速到达近机位。在近机位后方布置一排远机位，可以与近机位协调使用，提高近机位周转率和靠桥率，提升旅客服务水平。远期增加的 E 类机位，通过合理的角度设置，既节省了机坪进深，又避免了 E 类飞机运行对 C 类机坪的影响，实现机坪上飞机流线的规整、通畅。（图 6-83，图 6-84）

6.2.4.4 陆侧交通规划

蚌埠机场的陆侧交通规划有以下 3 大特点：

① 双层单向大循环系统：航站楼前陆侧交通以上下分层"逆时针单向大循环"方式组织各种车辆，出发车流在上、到达车流在下，避免交叉混乱，有序而高效。

② 多车道边设计：航站楼前车道边的设计是有序组织各种车辆的关键，因车型和出发、到达性质的不同，合理设计多条车道边，组织车辆停靠，从而达到楼前交通组织有序高效的目的。航站楼前共设置 5 条车道边，高架出发层分为内外两层车道边，内侧车道边服务于社会大巴与特种

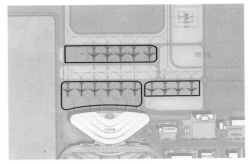

图 6-83　空侧站坪近期规划示意图

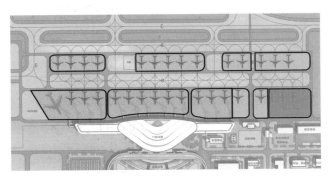

图 6-84　空侧站坪远期规划示意图

车辆；外侧为社会车辆、出租车送客车道边。到达层为地面接客系统，也分为内外两层车道边，内侧车道边下游布置线路巴士的固定停靠站点，上游布置出租车排队上车点。停车场内靠航站楼一侧设置车道边，为社会车辆及网约车提供上下客空间。

③ 遵循公交优先、大载客率优先原则：航站楼前组织遵循公交优先、大载客率优先原则，线路巴士内侧停靠，小型车辆外侧组织。

在停车场设计方面，蚌埠机场的所有社会车辆及网约车、租车，均组织在停车场内接客，主要特点包括：①采用垂直于航站楼的停车模式，有利于旅客停车后的动线与航站楼建立直接联系。②停车场内大、中、小型车辆分区明确，短时、长时、网约、租车，区域化停放。

在蚌埠机场规划中，不同类型车辆的交通流线安排如下：①出租车：送客至出发层高架外侧车道边，落客后直接离场，或进入蓄车场，经调度至到达层出租车上客点排队接客；②社会车辆、网约车：送客至高架外侧车道边或停车场落客，接客统一在停车场内完成并离场。③机场线路巴士：直接行至一层楼前内侧车道边固定位置停靠接客，并在固定时刻发车离场。④贵宾车辆：出发贵宾经专用车道送至贵宾厅门前，到达贵宾车辆汇入门前单向循环系统离场。（图 6-85 ～图 6-94）

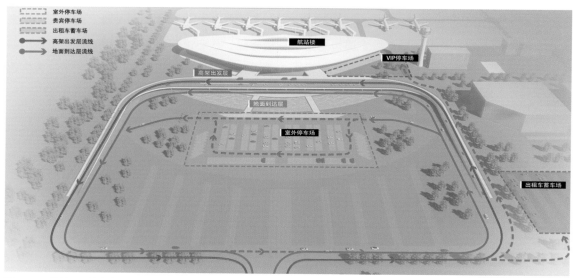

图 6-85　陆侧双层单向大循环系统示意图

图 6-86 陆侧车道边布置剖面示意图

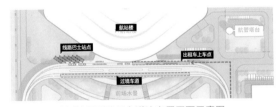

图 6-87 陆侧地面到达层车道边布置平面示意图

图 6-88 陆侧地面层停车场内车道边布置平面示意图

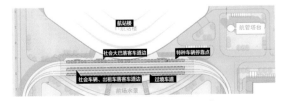

图 6-89 陆侧高架出发层车道边布置平面示意图

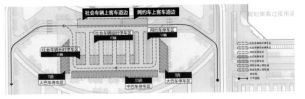

图 6-90 陆侧地面层停车场布置平面示意图

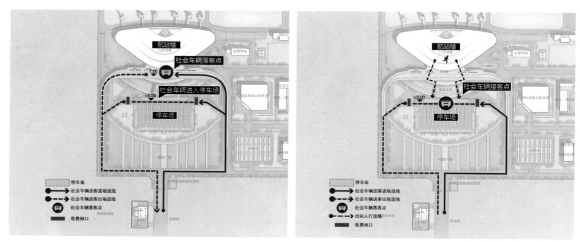

图 6-91　社会车辆、网约车送客、接客流线示意图

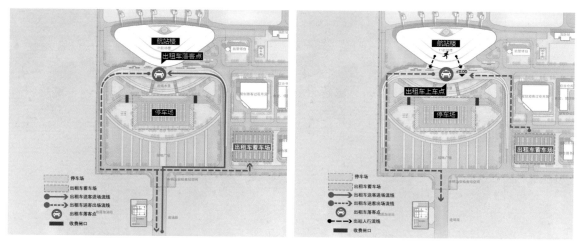

图 6-92　出租车送客、蓄车、接客流线示意图

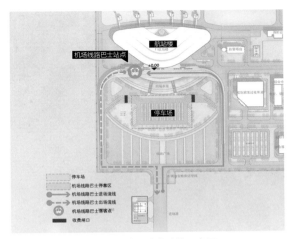

图 6-93　机场线路巴士送客、接客流线示意图

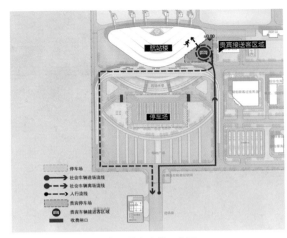

图 6-94　贵宾车辆送客、接客流线示意图

6.2.4.5　航站楼设计策略

古来采珠地，皖北核心城。深厚的历史积淀赋予了蚌埠独特的地域文化和城市文脉，得天独厚、连通南北的地理区位又赋予了蚌埠皖北乃至安徽省枢纽城市的新角色。设计团队从"现代复合高效的交通枢纽"与"展现地域文化的城市之窗"两条主线出发，围绕"文化、体验、高效、生态打造第四代支线机场航站楼"的目标，采取如下四大设计策略。

1. 玉蚌含珠，文脉赋形

禹风厚德，孕沙成珠。淮水、珠蚌既是蚌埠特有的拥有极高地域认同感的文化形象，也是蚌埠悠久历史与深厚文化的象征。（图 6-95）

设计以"淮水润贝，玉蚌含珠"为整体立意，航站楼形体曲线圆润优雅，屋面弧线错落有序，与楼前水景统一设计，展现"水畔玉蚌"之形（图 6-96，图 6-97）。

图 6-95　设计灵感——"玉蚌含珠"

图 6-96　蚌埠机场航站楼空侧鸟瞰效果图

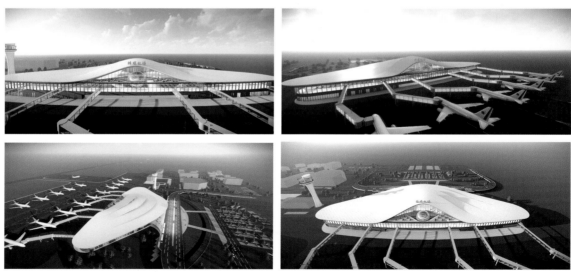

图 6-97　蚌埠机场航站楼"玉蚌含珠"造型多角度效果图

同时创新地在航站楼夹层加入嵌有"珍珠"球体的观景平台，以"玉蚌含珠"为意象，画龙点睛，将地域文脉以现代化的建筑语言表达出来，为陆侧出发以及空侧到达的旅客留下深刻的第一印象。

设计对地域文化的解读与挖掘，不仅体现在玉蚌造型上：缓缓接近航站楼时一眼即见的蚌墙纹理的丝网印刷玻璃立面，以及进入航站楼后重叠交错的屋顶下呈现壳内纹理的灯光吊顶等，种种细节与旅客流程的各个环节紧密结合，同样巧妙地展示着蚌埠特有的文化形象和历史印记。（图6-98～图6-100）

图 6-98　蚌埠机场航站楼出发大厅室内效果图

图 6-99　蚌埠机场航站楼出发大厅中间室内效果图

图 6-100　蚌埠机场航站楼行李提取厅室内效果图

2. 入贝寻珠，独特体验

航站楼作为蚌埠的文化名片，除了在造型和空间上挖掘文化符号之外，打造独特的文化性体验，也是为八方来客留下独一无二的美好印象的关键。

文化体验设计以"入贝寻珠"为立意，与旅客流程相结合：在出发大厅的曲面天花板上，以规律排布的流畅线条营造出"贝中洞天"的空间体验，并将出发旅客引导至位于夹层的观景平台。进入候机区后，位于区域中心的"珍珠"空间内设置了由国家非物质文化遗产——花鼓赋形的花鼓灯柱，并与商业结合，成为蚌埠地域文化与历史的集中展示窗口，也为旅客提供了别具一格的候机体验。（图 6-101 ～图 6-106）

图 6-101 蚌埠机场航站楼剖面透视图

图 6-102 蚌埠机场航站楼陆侧室外观景平台效果图

图 6-103　安检前区"珍珠"透视效果图

图 6-104　候机区"珍珠"透视效果图

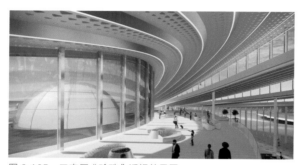

图 6-105　二夹层"珍珠"透视效果图

图 6-106　"珍珠"咖啡厅内部透视效果图

3. 高效分区，弹性扩容

蚌埠机场航站楼为两层式，分两大主要功能层面。一层为到达区及贵宾区，主要设置行李处理机房、行李提取厅、到达大厅。出迎客大厅可到达门前车道边及停车场。贵宾厅位于航站楼右侧，出入口独立设置。二层为出发层，与高架道路及车道边衔接，出发大厅两侧设置值机办票柜台，中间为安检区，旅客安检后可前往近机位候机区，亦可乘坐扶梯下至一层的远机位候机厅。局部夹层为小型航空博物馆和室外陆侧观景平台，可由出发大厅经由扶梯到达。

为应对未来旅客量的增长，航站楼内设施须有弹性拓展空间。在本期航站楼内设施的基础上，预留可扩容值机、安检等设施空间，满足航站楼未来扩展到 350 万年旅客吞吐量的服务水平。（图 6-107 ～图 6-109）

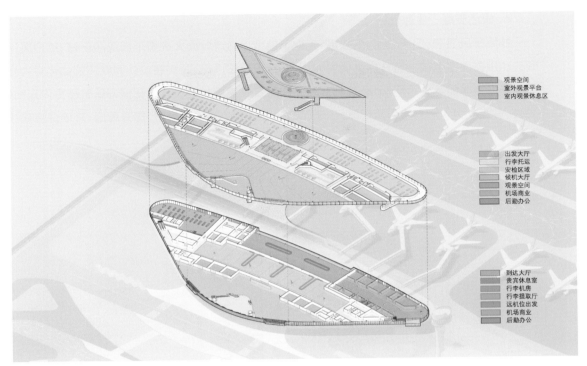

观景空间
室外观景平台
室内观景休息区

出发大厅
行李托运
安检区域
候机大厅
观景空间
机场商业
后勤办公

到达大厅
贵宾休息室
行李机房
行李提取厅
远机位出发
机场商业
后勤办公

图 6-107　蚌埠机场航站楼平面功能布局轴测图

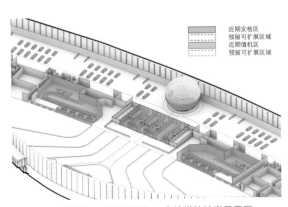

近期安检区
预留可扩展区域
近期值机区
预留可扩展区域

图 6-108　蚌埠机场航站楼值机、安检弹性扩容示意图

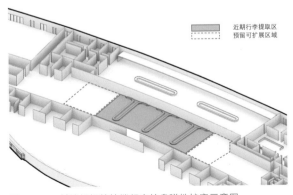

近期行李提取区
预留可扩展区域

图 6-109　蚌埠机场航站楼行李转盘弹性扩容示意图

4. 绿色节能，生态机场

蚌埠季风显著,四季分明,气候温和。建筑造型上通过屋面大挑檐形成遮荫区域,结合风压分析,顺势利用屋面造型设计可开启高侧窗,以有效组织自然通风。高侧窗设计同时还能优化室内光环境,切实降低照明能耗;采用 Low-E 玻璃加上被动式外遮阳挑檐设置,在保证航站楼室内光线通透的同时,有效减少太阳直射和防止眩光;通过构造优化减少建筑冷热桥,提升屋面、外墙保温隔热性能。（图 6-110）

图 6-110 蚌埠机场航站楼绿色节能分析示意图

6.2.4.6 独一无二的旅客体验——"淮水润贝，玉蚌含珠"

在建筑创作之初，设计团队便有共识：只有内含珍珠的河蚌才是有价值的。因此，设计选取"玉蚌含珠"作为整体概念，通过巧妙地在航站楼中加入嵌入空侧的"珍珠"球体，并将其陆侧的观景平台有机结合，从而为旅客留下深刻的印象。相信建成后的蚌埠机场，将让积淀千年的珠城焕发全新的活力，也将成为蚌埠这颗淮上明珠崭新的窗口和名片，让每一个来到蚌埠的旅客都能体验到它独特的魅力。

淮水润贝，禹风厚德积淀蚌埠底蕴；玉蚌含珠，皖北重镇正将孕沙成珠。

7

归纳篇

第四代（体验时代）支线机场航站楼的创新

理念与评价

7.1 第四代（体验时代）支线机场航站楼设计创新理念与方法

从第 6 章我国支线机场航站楼设计四个发展阶段聚焦点的变化中不难看出，不同时代的中小型机场航站楼设计都是在继承上一代优秀设计理念的基础上，不断从不同维度尝试突破固有设计思路，从而实现创新，而这种创新一定是与每个时代最关注的问题紧密相关的。也就是说，支线机场航站楼设计的阶段发展，并不表示要全盘否定之前的聚焦点。回顾支线机场航站楼设计四个阶段聚焦点的演变，笔者认为，体验时代支线机场航站楼设计的灵魂有以下两点：

① **根植地域与文化**

体验时代的航站楼设计对旅客体验的关注不是无根之木，它紧密承接文化时代的设计关注点，延续了对文化的关注，从地域文化中吸取养分，对地方文脉进行深入挖掘与解读后展开设计。同时，体验时代的机场航站楼设计，也必须对文化时代机场航站楼设计的文化解读方式进行深化，改变依赖文化符号抽象与堆砌的做法，要将对地域和文化的挖掘与解读，更为自然地转译为具有地方特色的空间氛围与文化体验，这是体验时代机场航站楼设计的灵感源泉。

② **以旅客体验为核心**

根据民航局印发的《中国民航四型机场建设行动纲要（2020—2035 年）》，未来我国将大力建设以"平安、绿色、智慧、人文"为核心的四型机场，其中，人文关怀成为新时代机场航站楼设计与建设尤其需要重视的问题。因此，能否体现以人为本的人文关怀，能否从旅客在航站楼的体验出发进行设计，成为了体验时代航站楼设计不同于前三个阶段的新的思考维度。

同时，基于旅客体验的设计方法，也对造型、空间、结构、材料、细部等机场航站楼设计的不同方面提出了新的要求。由于体验是一种一以贯之的感受，因此机场航站楼设计的各个方面不再是彼此孤立的，而是由体验目标贯穿起来的整体，即旅客体验的打造应该成为设计的核心与提纲，指导支线机场航站楼设计中的各系统紧密协调。

基于体验时代支线机场航站楼设计的灵魂，以及对第 6 章中的 4 个从文化体验出发的机场航站楼设计创新案例经验的归纳、总结，笔者认为，可以从 5 个方面入手展开设计，即：地域文化要素的挖掘与提炼、文化要素的现代表达与巧妙运用、独特而统一的叙事体验打造、室内室外一体化设计，以及体验创新与工艺流程的有机结合。

7.1.1 地域文化的挖掘与提炼

正如前文提到的，在体验时代支线机场航站楼设计的全过程中都必须注重从地域文化中吸取养分。而对地域文化的挖掘与提炼是否准确、巧妙，能否高度精练地反映地域文化的精髓，就成为体验时代航站楼设计成功的关键。

通过对大量优秀案例的分析与研究，结合笔者团队的机场航站楼设计实践经验，笔者认为，对于地域文化的提取，可以从自然要素与人文内涵两种角度展开。

① 地域自然要素的提炼

自然气候、地形地貌等自然要素经常会成为一个地区重要的地域特点，并进一步成为地域文化的象征与代表，构成地区印象的重要组成部分，尤其是在拥有特殊自然地理要素的地区，例如雪山之于西藏、河谷之于云南、大漠天山之于新疆，等等。这些地区独特的自然地理要素是孕育独特人文气质的土壤，塑造了地区独一无二的文化。因此在这一类地区的航站楼设计中，对地域自然要素的挖掘与提炼可以成为地域文化解读的切入点。

② 人文内涵要素的提炼

除了自然要素对地域文化特征的表现外，人文内涵也是地域文化的重要组成部分。目前，国内许多中小型机场航站楼的建设地区都拥有厚重的历史或民族文化，这些在长期的历史发展过程中积累、传承下来的文化往往以呈现独特的文化符号、民族传说或历史传统，在当地有着极高的地域认同感对这些人文内涵要素的提取能极大地启发设计过程中的概念生成，并成为重要的赋形要素。

7.1.2 文化要素的现代表达与巧妙运用

在对地域文化进行深入挖掘与提取后，如何将文化要素融入航站楼设计，成为设计的亮点，是设计的下一个核心问题。通过前文论述可知，一味堆砌抽象文化符号的做法缺乏高级感、与建筑学表达脱节，也往往难以引起旅客的共鸣。体验时代的航站楼设计，应该对提取出的文化要素进行合理准确的抽象转译，并通过建筑学的语言进行表达，将文化内涵融入机场航站楼设计的空间层面，具体可分为以下三个层次：

① 外部造型的地域文化体现

外部造型会为旅客带来对航站楼整体空间的第一印象，也是旅客空间体验塑造的第一个切入点。体验时代支线机场航站楼的外部造型设计，应继承并优化文化时代设计对地域文化符号的抽象提取方法，并进一步将其与优美简约的现代航站楼设计原则相结合。

② 内部空间的地域文化体现

在内部空间设计上，目前国内支线机场航站楼往往呈现出千篇一律、同质化严重的问题。其原因在于文化时代的航站楼设计，对地域文化的解读仍较为片面，在文化元素的设计运用上也浮于表面，导致航站楼内部空间的处理与外部造型脱节。因此，需要通过对地域文化的进一步深入挖掘，找到能与航站楼内部空间相呼应的文化元素，并对其进行空间转译，最终形成有独特文化属性的内部空间，避免千篇一律的问题。

③ 细部装饰的地域文化体现

航站楼的细部设计最贴近旅客身体尺度，是能以最近距离感知的空间要素，同样也是打造航站楼独特旅客体验的重要组成部分。如果说造型与空间分别是地域文化空间转译、打造体验的宏观与中观手法，那么在航站楼设计的细微处，通过合理巧妙地使用文化元素，配合造型与空间进行点缀，无疑就是地域文化转译与旅客体验打造的微观手段。

体验时代航站楼的细部文化元素设计，应尽量规避文化时代部分案例中出现的元素堆砌、盲目拼贴等问题，而应以体验为核心，通过对机场所在地文脉的挖掘与深入理解，选择适合航站楼空间调性与氛围的、与整体造型及空间功能匹配的文化元素用于点缀，进而打造近人尺度的中小型机场航站楼的文化体验。

7.1.3 "独一无二"的旅客体验

除了航站楼外部造型的文化赋形与内部空间的文化转译之外，体验时代中小型机场航站楼的体验塑造依靠的不是造型、空间、细部、结构等要素的堆砌，而应从时间序列与工艺流程的角度入手，将旅客体验看作整体，进行整体的体验打造，串联由外至内的造型、空间、结构、细部等多个体系，形成统一的叙事性空间体验。第 6 章的多个设计实践案例都遵循了这种设计思路。

7.1.4　室内室外一体化设计

　　基于独特的文化体验感打造的空间，也对机场航站楼的整体性设计提出了全新的要求。在同一逻辑的指导下，建筑的室外造型、空间应与室内空间相辅相成，在体验上也构成层层递进的关系。一个优秀的航站楼设计作品，其室内外空间给予旅客的体验应传达出一个明确、连贯的主题或一种鲜明的情绪感受，即其空间应具有良好的"可读性"。这种室内室外概念一体化的设计方法，无疑是体验时代支线机场航站楼设计的重要思路。

7.1.5　创新空间与旅客流程的有机结合

　　功能层面的设计既是机场航站楼设计的基础，也与旅客在航站楼中最直接的体验密切相关，从根本上决定着旅客能否在航站楼中获得舒适与独特的体验。体验时代的支线机场航站楼设计中，创新不能脱离机场的工艺流程，否则就只是无源之水、无本之木。基于地域文化与旅客体验的体验时代机场航站楼设计创新，应该紧扣航站楼的传统工艺流程，并将独特体验的打造与流程有机结合，在保证机场航站楼运行高效便捷的基础上，让来往旅客都能获得不一样的创新体验。

7.2　第四代（体验时代）支线机场航站楼设计评价维度与方法

7.2.1　评价维度

　　纵观支线机场航站楼设计聚焦点的代际演变，可以发现，一个优秀的航站楼设计应充分地体现功能合理性与文化创新性。本节根据前文所提炼的航站楼核心设计思路与手法，总结出体验时代的航站楼设计评价体系，该体系主要包括以下五个维度：①地域文化的提炼抓取；②文化要素的巧妙表达；③旅客体验的独一无二；④室内室外的一体化设计；⑤创新与流程的有机结合。

为进一步地结合优秀设计案例的成功经验，上述每个维度的具体评价标准可以分别表述为：①地域文化的提取是否具有代表性和传播性；②文化要素在航站楼建筑造型及空间塑造中的运用是否足够巧妙；③航站楼的建筑形式与空间能否为旅客带来独一无二的体验感；④航站楼室内与室外的设计思路与表达形式上是否一以贯之地展现了设计理念；⑤航站楼设计的创新是否与旅客流程有机而紧密地结合。

以上评价标准可以转化为如下的一套评价方法及相应的评价工具，为未来航站楼创新设计评价提供全面、科学、整体的系统支撑。

7.2.2　评价方法：量化赋值表与可视化表达

根据上述五个维度的评价标准，可以制定量化赋值评价表（表7-1），该评价表满分为100分，每个分项20分，最后将各分项分值相加，得到项目的整体得分值。由此，可对多个航站楼设计项目的创新情况进行直观的量化比对。

同时，还可以根据量化评分，生成雷达图等可视化评价结果，更直观地反映不同设计方案在各个评价维度的优势与不足。

为了能够有效示意上述评价方法的具体使用方式，笔者运用量化评分表和雷达图，对笔者团队参与的若干航站楼设计实践案例进行模拟评价。

表 7-1　中小型机场航站楼的设计评价表

	地域文化的 提炼抓取	文化要素的 巧妙表达	旅客体验的 独一无二	室内室外的 一体化设计	创新与流程的 有机结合
较差（0～5分）					
中等（6～10分）					
良好（11～15分）					
优秀（16～20分）					
整体得分					

湛江机场

评分项目	地域文化的 提炼抓取	文化要素的 巧妙表达	旅客体验的 独一无二	室内室外的 一体化设计	创新与流程的 有机结合
评分依据	"鳐鱼"元素的提取较能体现湛江滨海文化	"鳐鱼"元素与机场造型结合较为巧妙	航站楼空间体验好,但缺乏独特性	对外部造型手法与内部空间有整体考虑	创新地植入"光庭",与候机流程形成较好的结合
分项得分	18	18	15	16	15
整体得分	82				

日照山字河机场

评分项目	地域文化的提炼抓取	文化要素的巧妙表达	旅客体验的独一无二	室内室外的一体化设计	创新与流程的有机结合
评分依据	"贝壳"元素的提取较能体现日照滨海文化	"贝壳"元素与机场曲线造型结合较为贴切	航站楼空间体验舒适，但缺乏独特性	"贝之壳"外部造型手法与"贝之韵"内部空间有较强整体性	旅客流程简洁合理，但缺乏创新
分项得分	16	16	15	18	15
整体得分	80				

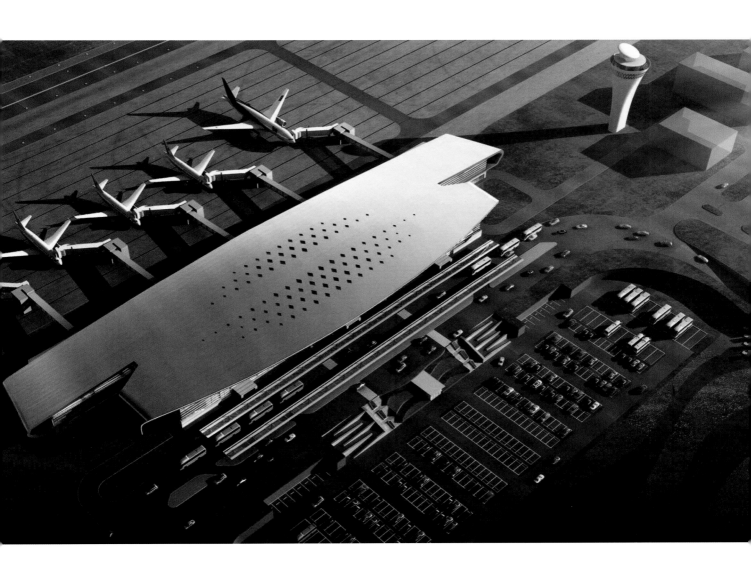

西藏定日机场

评分项目	地域文化的提炼抓取	文化要素的巧妙表达	旅客体验的独一无二	室内室外的一体化设计	创新与流程的有机结合
评分依据	"雪域雄鹰"的元素提取与场地及地域文化高度契合	"雄鹰""鹰羽""哈达"等元素在造型与空间上都有巧妙的运用	为到达旅客带来"仰望圣山"的独一无二的航站楼体验	外部造型的"雄鹰"概念与内部空间的"鹰羽"概念一以贯之,整体性强	1）在独特的三角形平面上合理布局到达、出发空间以及道路系统; 2）将"哈达"元素巧妙融入标识系统的设计及旅客流程
分项得分	19	19	19	20	19
整体得分	96				

澜沧景迈机场

评分项目	地域文化的提炼抓取	文化要素的巧妙表达	旅客体验的独一无二	室内室外的一体化设计	创新与流程的有机结合
评分依据	"绿谷"与"葫芦"的元素提取与气候特点及民族文化较好地契合	用"葫芦"元素塑造独特的候机空间,较为巧妙	基于地域气候特点的"空中庭院"体验较为独特	"绿谷藏葫芦"的概念从外部造型延伸到内部空间,有较好的整体性	巧妙地将空中庭院与候机流程结合起来,打造独特的创新体验
分项得分	18	18	18	18	18
整体得分	90				

沧源佤山机场（投标方案）

评分项目	地域文化的提炼抓取	文化要素的巧妙表达	旅客体验的独一无二	室内室外的一体化设计	创新与流程的有机结合
评分依据	"木鼓"与"司岗里"的元素提取与佤山文化契合度高，能引起共鸣	对文化元素"木鼓""司岗里"的造型与空间化运用巧妙而贴切	从地域文化展开的"洞窟"概念以及"空港博物馆"提供了独一无二的候机体验	"木鼓"的外部造型概念与鼓腔内"别有洞天"的设计概念一以贯之，有整体性	创新的"空港博物馆"功能以及连接陆侧和空侧的送别空间与旅客流程紧密有机地结合
分项得分	19	19	20	18	19
整体得分	95				

新一代支线机场航站楼 建筑设计与创新路径

大理机场

评分项目	地域文化的 提炼抓取	文化要素的 巧妙表达	旅客体验的 独一无二	室内室外的 一体化设计	创新与流程的 有机结合
评分依据	1）"风之港"的概念与大理"下关风"的地域特点高度契合；2）巧妙提取了当地传统民居屋顶的形态要素	1）通过立面细部设计来回应与表达"风"元素，较为巧妙；2）当地传统民居的坡屋顶元素在航站楼及交通中心设计中均有较好的表达	植入绿化庭院，提升航站楼空间品质	轻盈流动的造型与通透简洁的内部空间统一采用白色调，整体性较好	陆侧观景平台与商业空间植入与旅客流程有一定的结合
分项得分	16	16	16	17	16
整体得分	81				

蚌埠机场

评分项	地域文化的 提炼抓取	文化要素的 巧妙表达	旅客体验的 独一无二	室内室外的 一体化设计	创新与流程的 有机结合
评分依据	"贝壳"与 "珍珠"的 元素提取与 蚌埠城市文 化契合度高	以"贝壳"为概 念的外部造型与 以"珍珠"为亮 点的空间设计， 都属于对文化要 素的巧妙运用	"入贝寻珠" 的整体体验以 及空侧陆侧对 话的送别体验 都有较强的独 特性	"贝壳"的整 体造型与"珍 珠"形态的候 机商业空间在 设计理念上有 较强的整体性	将陆侧观景平台 与空侧候机商业 空间通过"珍珠" 空间联系起来， 与旅客流程结合 紧密
分项得分	18	18	18	17	20
整体得分	91				

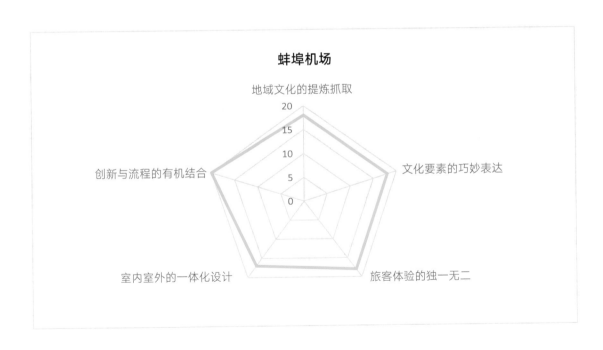

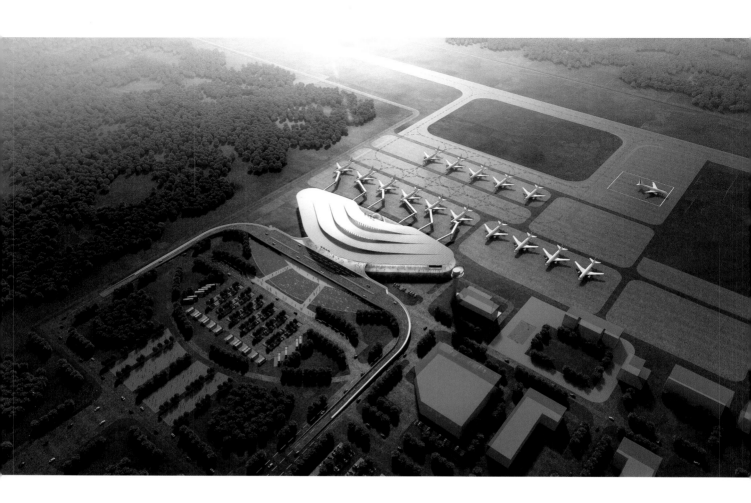

图片来源

1 概述
本章图片均为笔者自绘。

2 规划篇——支线机场的总体构成及基本要素
图2-1：引自哈尔滨太平国际机场飞行区管理部，《飞行区知识梳理》

图2-3：引自《民用机场飞行区技术标准》（MH 5001—2021）

图2-13：引自巴黎戴高乐机场官方网站

图2-14：引自稻城亚丁机场官方网站，https://cn.yadingtour.com/wit/line

图2-15：引自北海福成机场官方网站，https://cont.airport.gx.cn/index.php?m=mobile&siteid=5

图2-23：网络图片，引自https://www.cnipa.gov.cn/

本章其余图片为笔者自绘。

3 建筑功能篇——航站楼功能区构成及设计要点
图3-1：原图引自《民用机场航站楼设计防火规范》（GB 1236—2017），笔者改绘

图3-29左图、图3-54、图3-63、图3-68~图3-70：网络图片，来源现已佚

图3-40、图3-41：引自安检门生产厂家资料

图3-45：原图引自AES Engineering官方网站，https://aesengr.com/lighting/lighting-case-studies/nanaimo-airport-terminal

图3-46：引自环亚机场贵宾室官方网站，https://www.plazapremiumlounge.com/zh-hk/find/europe/finland/helsinki/helsinki-airport/non-schengen-area-departures-terminal-two

图3-47：网络图片，引自https://www.traveller.com.au/brisbane-international-airport-terminal-to-get-45m-facelift-2yq04

本章其余图片为笔者自绘或自摄。

4 空间构成篇——一层半式航站楼的空间构成
本章图片均为笔者自绘。

5 创新篇——支线机场航站楼的设计创新

图5-1～图5-3：© b720 Fermín Vázquez Arquitectos

图5-4、图5-5：© Román Viñoly Architects

图5-6、图5-7：© andramatin

图5-8、图5-9、图5-58：© Group3Architects

图5-10、图5-11：© FUKSAS

图5-12、图5-13：© mad

图5-14：引自一点资讯，https://www.yidianzixun.com/article/0MdP7kgT?s=mochuang&appid=s3rd_
mochuan&toolbar=&ad=&utk=

图5-15：© 中国建筑设计研究院有限公司

图5-16、图5-17：© 中信建筑设计研究总院有限公司（项目设计：中信建筑设计研究总院有限公司）

图5-18、图5-19、图5-63、图5-64：© Integrated Design Associates

图5-20、图5-43：© Nelson Kon

图5-21、图5-44：© Biselli + Katchborian Arquitetos（项目设计：Biselli + Katchborian Arquitetos）

图5-22：网络图片，来源来源现已佚

图5-23、图5-24：引自名古屋中部国际机场官方网站，https://www.centrair.jp/tzh/event/enjoy/flightpark/
index.html

图5-25：网络图片，来源来源现已佚

图5-26：© HOK

图5-27～图5-29：© ashleyhalliday

图5-30～图5-32：© natkevicius

图5-33、图5-34：© ZESO

图5-35、图5-36：© 3Dreid

图5-37、图5-38：© MANN-SHINAR Architects

图5-39、图5-40：© CCDI悉地国际（项目设计：CCDI悉地国际）

图5-41、图5-42：© Ayala Arquitectos

图5-45、图5-46：© Autoban

图5-47：© RSHP

图5-48、图5-49：© Tuomas Uusheimo；项目设计：ALA Architects

图5-50、图5-51：© Evoq Architecture

图5-52、图5-53：© Nikken Sekkei LTD
图5-54：网络图片，引自https://www.hippopx.com/zh/santorini-mediterranean-blue-greek-island-sea-travel-268353
图5-55、图5-56：© AVW Architecture
图5-57：网络图片，引自《卡萨布兰卡哈桑二世清真寺游记》，作者: 全不能型tin, https://zhuanlan.zhihu.com/p/636839782
图5-59、图5-60：© Studio of Pacific Architecture Limited
图5-61、图5-62：© ductal
图5-65、图5-66：© MGA | Michael Green Architecture（项目设计：MGA | Michael Green Architecture）
图5-67：笔者自绘

6 趋势篇——支线机场航站楼的代际划分与第四代（体验时代）航站楼的创新实践

图6-1：网络图片，引自https://pixabay.com/simon
图6-5～图6-7、图6-15上图、图6-19、图6-25左侧部分、图6-38左图、图6-39左图、图6-49、图6-60、图6-61左图、图6-62左图、图6-95：网络图片，来源现已佚
本章其他图片为笔者自摄或自绘。

7 归纳篇——第四代（体验时代）支线机场航站楼的创新理念与评价

本章图片均为笔者自绘。

图片版权声明：

本书所有图片版权归原作者，所有商业使用需经原作者或授权网站同意。在本书准备公开出版的过程中，本书作者一直积极通过不同方式联系图片版权方，并征得部分图片版权方同意。对于未能联系上的图片版权方，请发邮件至：mmh28775@ecadi.com，我们期望与您取得联系。在此对所有授权图片版权方和相关建筑事务所表示感谢。

后 记

　　本书是以上海国资委华建集团 2023 年"小型支线机场一层半式航站楼设计的关键技术研究"课题成果为基础，经优化调整后整理出版，也是对华东建筑设计研究院有限公司西南事业部机场团队多年来从事的大量机场建筑创作和工程建设的经验总结与凝练。

　　作者第一次提出"第四代支线机场航站楼"的概念是在 2020 年澜沧景迈机场投标建筑创作之际，当时对国内支线机场作了盘摸，梳理分析之后，发现国内的支线机场建设确实经历了多个阶段，每个阶段有不同的要求和侧重。

　　最早建成的支线机场对航站楼的要求停留在工艺流程层面，只要把值机、安检、候机、登机等旅客流程囊括进去就算成功，建筑本身只是一个外壳，对造型的要求不高。随着改革开放的深入推进，从 1990 年代末开始，我国社会经济飞速发展，各地对机场这一城市空中门户形象的要求逐步提高，随之出现了众多高大宏伟的支线机场航站楼，其表现形式大多为大屋盖、曲线顶。由于支线机场航站楼体量有限，多数航站楼的改造只是在原来小体量的基础上增加了大屋盖，这导致了航站楼整体造型的普遍雷同。2010 年代之后，航站楼作为城市的门户，被赋予了展示地域文化的使命，但这一时期航站楼的文化表达形式多采用过于具象直白的造型、符号的叠加与拼贴等，视觉效果过于夸张，导致建筑外观的文化表达与内部空间较为割裂。2018 年的定日机场航站楼设计创作是一个转折点，此次设计通过对地域文化的深度挖掘，将其巧妙地用于建筑赋形，使当地特色文化贯穿于建筑室内外的一体化设计；同时，设计研究了定日机场旅客群体的独特心理及出行目的，将其与航站楼主流程相结合，从航站楼塑形和空间营造层面上，打造了与旅客出行需求高度契合的文化体验，明确了"独一无二"这一旅客体验的设计要求。

随着"第四代支线机场航站楼"概念的确立，作者带领的设计团队深入研究了国内外支线机场的优秀案例，后续又参与了云南沧源佤山机场和安徽蚌埠机场的创作实践。2019年，华建集团的"小型支线机场一层半式航站楼设计的关键技术研究"课题立项，2023年课题研究成果形成，总结出一套新一代（即"第四代"）支线机场航站楼的创新设计理念和评价方法。

在课题研究和项目实践的过程中，作者及其团队投入和付出了很多，也经历了三年疫情的考验，从案例的搜集、国内外优秀机场的调研，到资料的整理、分析、总结以及项目创作实践的检验，直到最终理论成果的形成，这一切离不开华东建筑设计研究院有限公司西南事业部机场团队所有成员的辛苦付出。

在此特别鸣谢：西南事业部副总建筑师张宏波，建筑总监唐帅、余恺，建筑副总监李森子、徐武剑，建筑师徐丹、廖文艺、赵壮、彭睿、王窈、单治中、王艺、李云飞、李泽林、蔡伟洁、邹宇航、赖怡蓁、谭月晴、常文雨、李天赐，机电设计师任国均、廖凯峰、淳宗静、席俊淋等！感谢马梦涵在出书过程中与出版社编辑部事无巨细的对接、沟通！

感谢大家的集体努力，感谢每一位对机场专项化做出贡献的同伴！